JN064038

環境新聞ブックレット

シリーズ 17 Series 17

# 経営トランスフォーメーション

## ～下水道ビジネスの変革者たち

一般社団法人Water-n代表理事 奥田早希子◎著

# まえがき

下水道事業はテックヘビーである。

これはとある金融業界の方の言葉だ。テックヘビーとは「技術的な要素が多い」であるとか「技術が重視される」というような意味の社内用語だそうである。それもそのはずで、下水道は処理施設やポンプ施設、汚泥処理施設など多種多様な施設や設備で構成されており、その数も種類も他のプラントと比較して格段に多い。施設・設備などに関する技術が重視されるゆえんである。

同じことを1980年に『環境新聞』の水ビジネス担当記者になった当初から筆者も感じていた。週刊で発行される『環境新聞』の1面分を一人で担当するのだが、そのほとんどが新技術の開発や実用化、自治体での採用といった内容だった。先の言葉を借りればテックヘビーな紙面であったし、そのことにさしたる疑問も抱いていなかったのが正直なところだ。

しかし、2002年に国際標準化機構（ISO）に技術委員会「TC224」が設置されてから筆者の意識に変化が生じた。なぜならTC224で検討されていたのは「上下水道サービス」だったからだ。施設・設備に関する技術が対象となっていない。そのことから、どんなにすばらしい技術があっても、それだけで下水処理が事業として持続できるわけはないということに気づかされた。

サービスと技術はまったく異なる。当時はこういう言い方はしなかったが、現代的な表現を借りるなら、サービスは「コト」であり、技術は「モノ」と言い換えられよう。

高度経済成長期以降、下水道を作れ作れで突き進んできた整備の時代の下水道事業は「モノ」が目的だったし「モノ」が重視された。だからこそ筆者も技術動向を重視して取材活動を進めてきた。

しかし、落ち着いて考えれば「モノ」を作って終わるケースなんて世の中にはそうそうあるものではなく、何らかの価値、つまり「コト」を生み出すために「モノ」があるものだ。「モノ」は目的ではなく、「コト」という目的を達成するための手段でしかない。

下水道においても同様だ。下水道を作って終わりなんてことはなく、できあがった施設を管理運営して処理を継続しなければならないし、劣化した施設のメンテナンス、老朽化した設備の更新も必要だ。それこそが下水道サービスであり、下水道事業の目的は下水道サービスを持続させていくことであり、技術はそのための手段である。そのことに当時の筆者は遅ればせながら気づくことができた。

目的を「モノ」ではなく、下水道サービスの持続、あるいはより良い下水道サービスの提供という「コト」に置き換えると、見える景色がガラリと変わった。下水道サービスに必要な要素として、もちろん「モノ」は必須であるが、それだけではなく、サービス持続のための運営体制、人の確保、資金調達、サービスの受け手である顧客ニーズの把握、顧客理解のための広報に至るまで、モノ以外の多くの要素が見えてきた。

ヒト・モノ・カネ。これらは民間企業における経営の三要素と言われるが、下水道事業にも等しく重要であり、必要ということである。壁新聞の2文字を用いるなら「技」のみならず「事」の要素も必要だと言い換えてもいい。

下水道や農業集落排水など汚水処理施設の整備は2026年度末に概成すると言われている。そこを待たずして、すでに下水道においては新設市場は縮小している。「作れば売れた」とは業界内でよく聞く言葉だが、もはや作っても売れる時代ではない。

下水道サービスの視点に立ち、いちはやく経営の主軸を「モノ」から「コト」へシフトできた会社が生き残る。その考えのもと『月刊下水道』において、業界各社がどのように経営戦略を変革（トランスフォーメーション）していくのかについて、経営トランスフォーマーである経営者に実施した連続インタビューを一冊にまとめた。経営トランスフォーマーの声を通して、インフラ事業の羅針盤を示すことができれば幸いである。

# 目次

# 経営トランスフォーメーション①

## 4年間で売上高1・6倍の下水道管路管理の雄
## 大躍進のカギは下水道に固執しないことだった

**経営トランスフォーマー▽東亜グラウト工業　山口乃理夫社長**

〈Webジャーナル「Mizu Design」2021年6月公開〉※2023年5月追加取材

決して大きな組織ではない。しかし、下水道管路管理では知らない人はいないという会社がある。東京都新宿区に本社を置く東亜グラウト工業だ。今、同社の躍進が止まらない。2017年度から2022年度のわずか7年間で、関連会社を含めたグループ全体の売上高、営業利益とも2・4倍と成長路線まっしぐらだ。そのけん引役が、大企業でのキャリアを捨てて2017年4月に社長に就任した山口乃理夫氏である。山口氏は上下水道市場の行く末をどう考え、どう

戦うのか。その経営トランスフォーメーションを聞いた。

## 売上高で管路事業を上回る「防災事業」

まずは同社の基礎情報から整理しておこう。従業員数は２０２０年4月現在、１４２名。グループ全体では２６９名である。

決算状況を見ると、２０１９年度の売上高が99億４１００万円、グループ総売上高が１８４億８５００万円。２０１６年度からそれぞれ１・４倍、１・６倍に急拡大している（**図ー1**。２０２２年度は売上高、営業利益とも２・4倍まで伸ばしている）。

単体売上高の比率を事業別に見ると、意外なことに気づく。同社は下水道管路管理で名をはせる会社だが、実はそれを上回る売り上げをたたきだしている事業があった。それが防災事業

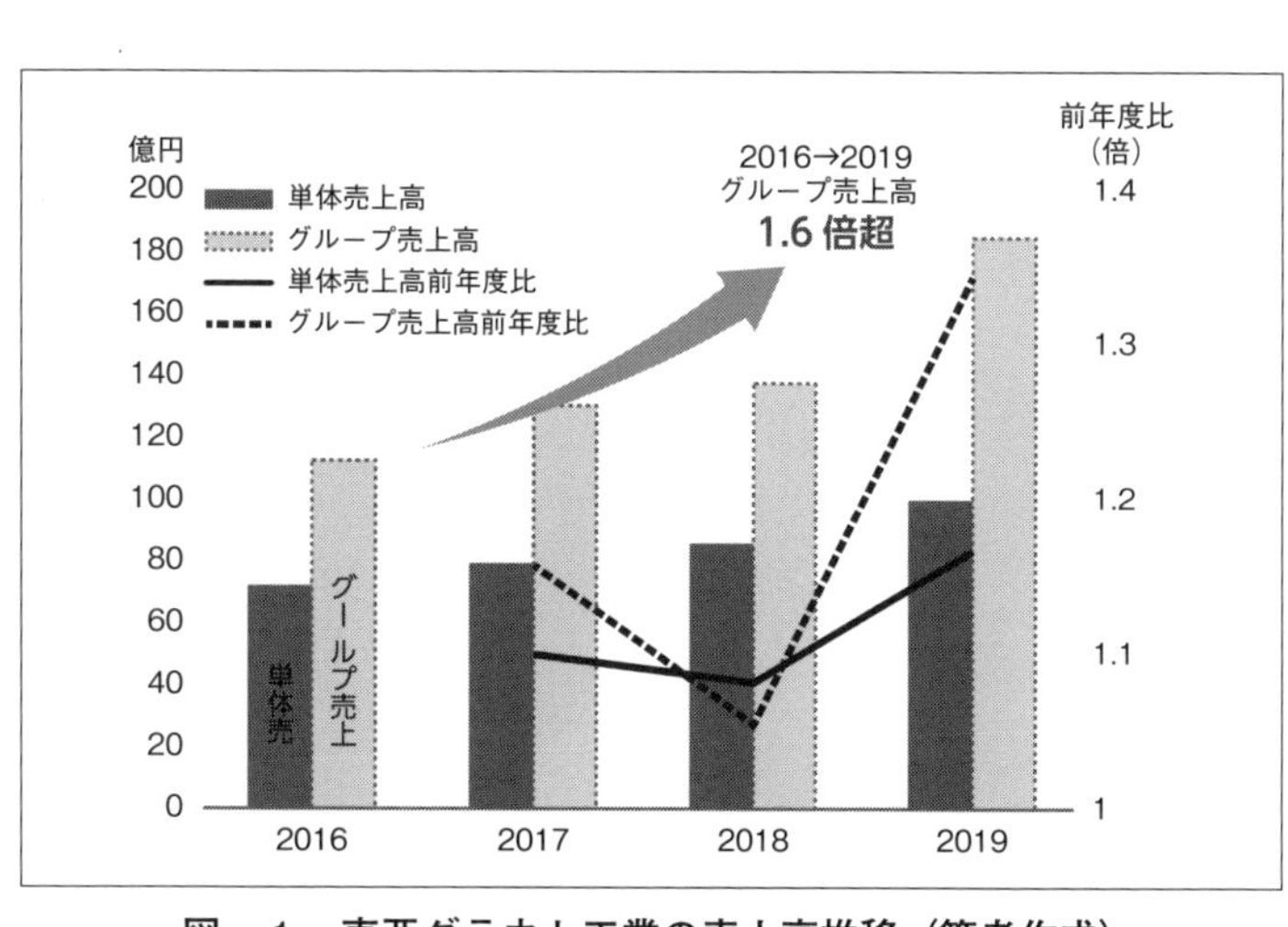


図ー１　東亜グラウト工業の売上高推移（筆者作成）

である。

2019年度の売上高比率（単体）は、防災事業が44・3％、管路事業は43・4％だ。地盤改良・構造物メンテナンス事業も12・3％ある。ここに山口社長の経営トランスフォーメーションのヒントがありそうだ（**図－2**）。

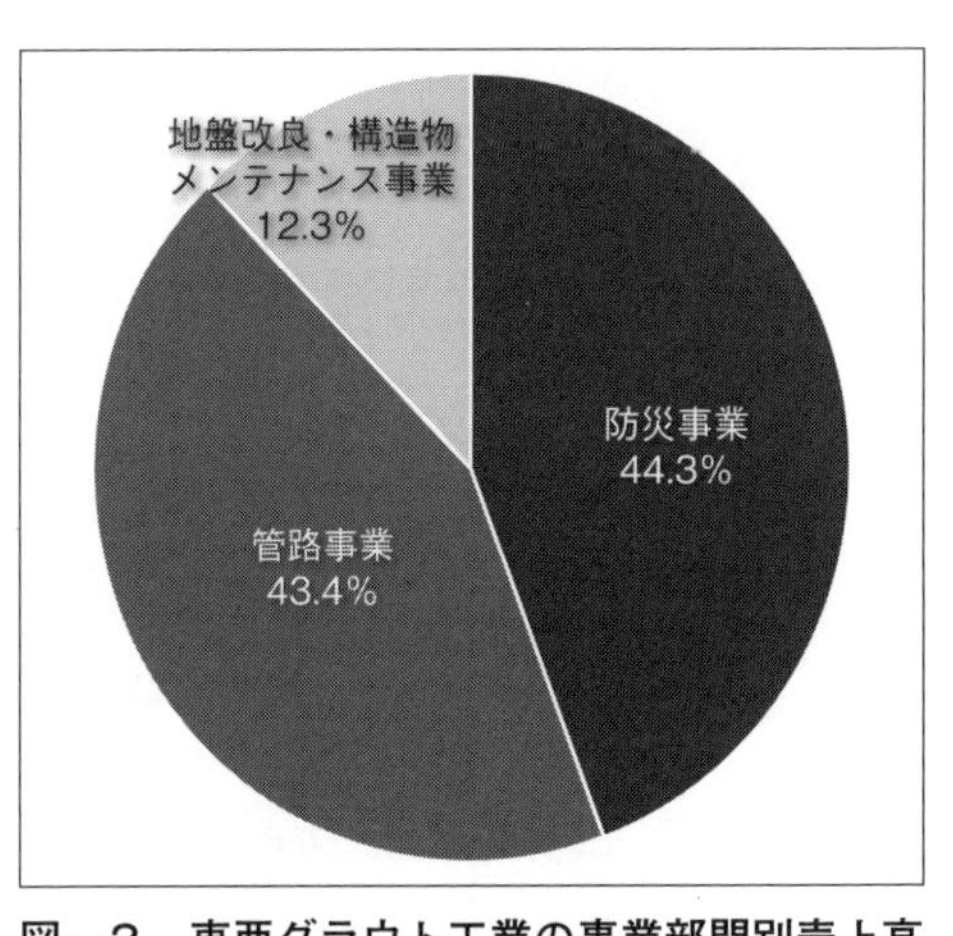


**図－2　東亜グラウト工業の事業部門別売上高比率［単体］（2019年）（筆者作成）**

## まちが存在してこその下水道管路メンテ

最初に山口社長が経営のシナリオとして見せてくれた絵がある。「東亜グラウト工業のこれからのビジョン」と題されたこの絵には、2025年までに「インフラメンテナンス綜合ソリューション企業の確立」と記されている（**図－3**）。

つまり今は、下水道管路管理もインフラメンテの1つの領域だが、防災や地盤改良、構造物も含めたインフラメンテの「総合化」へと変貌する真っただ中にあるわけだ。

なぜ総合化なのか。

「下水道管路更生の国内市場は、材料と工事を全部集めてもせいぜい数千億円。大手ゼネコン1社だけの売り上げにも届かないのだから、それほど大きな貢献はできないですよ。これから期待できるのは、作業を完全無人化できるロボット技術と、先進国の市場くらいです。ですが、例えば橋梁のメンテ市場は北海道だけでも1000億円規模はあると見ています」

まちが存在してこその下水道管路メンテ。山口社長は、こう断じる。

だからその目は「インフラ」を共通項にして、外へ外へ、異分野・他分野へ、まちへと向けられていく。これこそが、短期間での大躍進に至る原動力と言える。

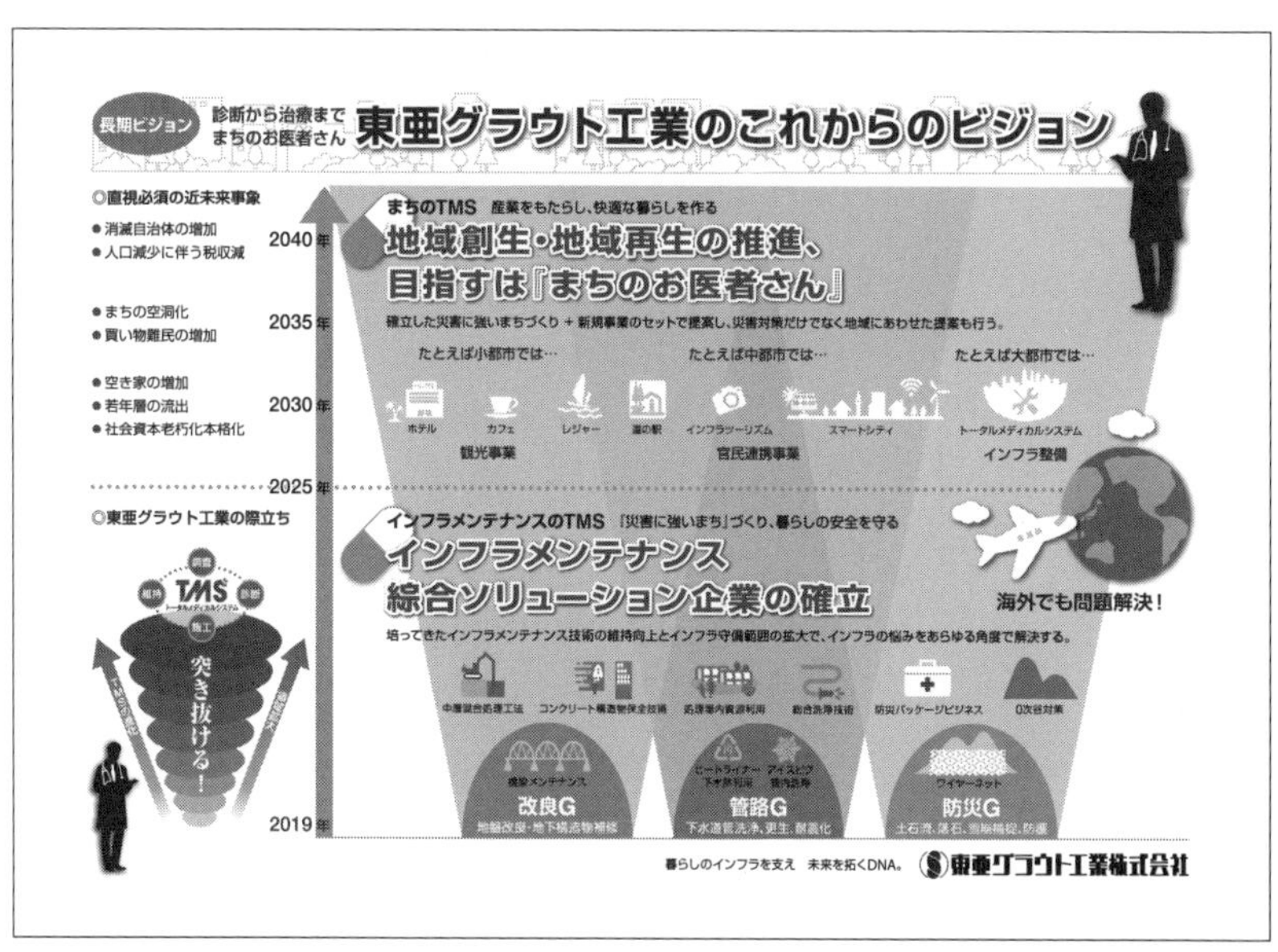


図－3　東亜グラウト工業のこれからのビジョン（東亜グラウト工業提供）

## 地元に愛され、信頼されている企業と業務提携

しかし、異分野の市場に乗り込んで、すぐに成果を上げられるものではない。それを可能にしたのは、山口社長が大手企業で蓄積してきたM&Aのノウハウだ。

山口社長が以前、こう話していたことを思い出す。

「上下水道業界はあまり業務・資本提携に積極的ではないが、シナジーが生じれば、スピーディーに事業を拡大し、変革できる」

例えば2019年には、函館市を地場にインフラメンテの実績を持つアークジョイン株式会社（旧社名：みぞぐち事業株式会社）との業務提携を成功させた。資本出資率100％だから、子会社化と言える。

同社は道南地区のコンクリート構造物補修、とりわけコンクリート橋梁のメンテナンス工事ではシェア8割を占めるという。道南地区の橋梁メンテだけでも16億円の売り上げがある。

「管路メンテで考えると、16億円はかなり大きな売り上げですよ」

橋梁メンテ市場のデカさを実感させられる数字だ。そこに管路メンテの事業が加わり、2年目にして早くも1億円強のシナジー効果が生まれているという。

アークジョイン株式会社もそうだが、山口社長が連携先として重視しているのは、地元に強い建設・土木業者だ。そうした事業者は、橋梁だけではなく、道路もできるし、

管路メンテも、防災の工事もやれる。地元での知名度も信頼度も、東亜グラウト工業を上回る。その1社を核として、その地域で、その地域に愛されながら、総合的に事業の網を拡げられるからだ。

こうすることで、管路や構造物などインフラのメンテナンス市場を「点」ではなく「面」で抑えることができる。

しかし、インフラの「メンテナンス市場」にもリスク（死角）はある。

「下水道にしても橋梁にしても、特に上下水道はまちが存在してこその事業です。これから人口減少が進むわけですから、いま未普及の地域に下水道を整備することは得策とは考えにくいし、逆にいま下水道が整備されている地域が浄化槽に置き換わるかもしれない。そうなると、そこにインフラメンテの市場はなくなるわけです」

そこで管路・構造物メンテのほかに、もう1本の柱として防災事業を据え、今のところは3本柱で総合化を進めている。しかし、山口社長はそれでもなおリスク（死角）があるとして、さらなる柱の増強を推し進める。

「防災事業に関しても、災害リスクが高い地域はいずれ移転が義務付けられるでしょう。国の予算からみてもそうせざるを得ません。

我々は3本柱（下水道管路メンテナンス／防災／地盤改良・構造物メンテナンス）で事業展開していますが、最低5本の柱とし、インフラメンテナンス市場をもっと広い面で抑えたい。今はコンクリート構造物（トンネル・橋梁）分野と上水分野を次の柱とすべく事業領域拡大へ着手した段階です」

※取材後の2022年、上水分野への事業領域拡大の一環として、衛星データを使って上水道管の漏水を検知する技術「アステラ・リカバー」を持つイスラエルのベンチャー企業・ユーティリス社とパートナー契約を、水道管データをAI解析して劣化予測や更新計画を策定できる「アセットアドバンス」の使用に関する優先代理店契約をアメリカ・オプティマティクス社と締結した。

## 観光業でインフラメンテと地方の本質的な課題を解決する

インフラメンテナンス総合ソリューション企業として確立される予定である2025年のその先は、どこに向かうのか。改めて「東亜グラウト工業のこれからのビジョン」を見てみると、インフラメンテの会社からは縁遠そうな、ちょっと奇妙な単語に気づく。ホテル、カフェ、レジャー、道の駅。総称して観光事業。

そして2040年までに「まちのお医者さん」になることを目指すと書かれている。インフラメンテと「まちのお医者さん」は、なんとなく関連することが分かるが、観光事業が一体どう関係するのだろうか。

「観光業、インバウンド事業をやってみたいんですよ。ホテルや旅館ではなく、ツーリズムです。日本の国際観光収入は411億ドル（2021年5月27日時点で4・5兆円）

で、世界で11位、アジアで4位の市場規模があるんですから」(数字は「令和2年版観光白書」より)。

確かに市場規模はデカい。しかし、ただそれだけで山口社長が関心を持っているわけでは、もちろん、ない。そこにこそ、インフラメンテ、そして地方が抱える本質的な課題を解決するカギが隠されていると確信しているのだ。

「先ほども言ったように、下水道はまちが存在してこその事業です。管路メンテの事業をやり続けるには、まちを存続させなければなりません。『まちの存続』。それはまた、中小都市が抱える本質的な課題でもあるのです。そこを解決できればいい。だから観光業です」

タイヤメーカーであるミシュランはその昔、ドライブを楽しめるよう観光情報やガソリンスタンドの場所などの情報を盛り込んだ冊子を作った。車に乗る人が増えれば、タイヤも売れる。それがミシュランガイドとなった。山口社長の構想は、ミシュランの戦略をほうふつとさせる。

「そうそう!　東亜グラウト工業版の旅行ガイドブックを作るのもいいですね」

人を呼び込んで、まちを再生し、まちを存続させる。それがインフラメンテ事業の存続にもつながる。それが山口社長の目指す「まちのお医者さん」なのだ。

## まちとともに生き残るために「復活力」を手に入れる

だがしかし、経営戦略を実現するには、組織力、組織化という面でまだ改善の余地が残る。東亜グラウト工業は山口社長が就任する前は、創業者である故大岡伸吉氏が、その絶対的なカリスマ性で組織を率いてきた。

市場を読む先見性に優れ、まだ国内で誰も気づいていないような市場の可能性を見出し、海外からの積極的な技術導入を繰り返してきた。下水道管路の更生事業を始めたのは30年ほど前だ。

現在の延長線上に未来がある。そんな時代は、トップの目利きに頼って成長することができた。しかし、今は、現在と未来が同一線上にない時代だ。明日何が起こるのかを見通しにくい。こうした時代を泳ぎ切る組織には、変化に合わせて臨機応変に対応し、必要とあらば変身もできるしなやかさが欠かせない。このしなやかさを、山口社長は「事業の復活力」と称している。

「災害やカーボンニュートラルへの対応ができていないなどの理由で、いきなり売り上げがゼロになる可能性だってあるわけです。管路のリニューアルに用いるプラスチック材料が使用禁止になるかもしれない。もしかしたらメーカー機能を捨ててでも、施工事業に注力して稼ぎを出さないといけなくなるかもしれない。

それくらい厳しい時代だからこそ、問われるのはBCPです。何が起こってもすぐに復活できる、そんな企業が求められます。今はまだその基礎づくりの段階ですが、すでに中小企業庁の持続継続力強化計画の認定などを取得しました」

山口氏が社長に就任した当時、グループ全体の売上高が約100億円、営業利益が10億円だった。それを2030年度に売上高300億円、営業利益30億円に引き上げることを社員にコミットした。

その通過地点として、2020年度の売上高160億円、営業利益14億円の中間目標を掲げたが、2019年度に早くもクリアした。社長就任から7年が経った2022年度には売上高、営業利益とも就任当時の2・4倍まで引き上げ、2030年度のコミットは達成できる見込みだ。

経営トランスフォーメーションを実現するために、山口社長は働き方改革や人材育成にも力を入れている。人材育成については同社のYouTubeチャンネルをぜひご覧いただきたい。

https://www.youtube.com/channel/UCw2IxcC58y882MJsrJH30Zg

MX Management Transformation

# 経営トランスフォーメーション

## ◇2◇ マーケティングとイノベーションに挑戦する外郭団体の風雲児

### 官が作った組織を民的に運営する

**経営トランスフォーマー▽横浜ウォーター　鈴木慎哉社長**（当時）

〈Webジャーナル「Mizu Design」2021年7月公開〉

横浜市水道局100％出資の外郭団体であるにもかかわらず、同局からの受託事業が売上の4割を下回るという異色のマネジメントで業績を伸ばしている会社がある。2010年に設立した横浜ウォーター株式会社だ。自治体の上下水道部門の支援事業を経営の軸に、横浜市を飛び出し、日本も飛び出し、国内外へと活動エリアを広げている外郭団体の「風雲児」だ。2020年6月に2代目社長に就任した鈴木慎哉氏に、外郭団体としての経営トランス

鈴木慎哉社長（当時）

フォーメーションを聞いた。

## 設立10年で売上10倍、利益25倍の躍進

今回もまずは基礎情報から整理しておこう。

横浜ウォーターはその社名から分かるように、上下水道事業の運営や経営、マネジメント、維持管理などを手掛けている。設立は２０１０年７月。今年（２０２１年）７月にようやく11年を経過したところ、人間で言うなら小学５年生か６年生になったばかりの若い会社である。

２０１０年度のスタート時は社員３名、売上高０・７億円、経常利益２００万円だったが、２０１９年度にはアルバイトを含め社員は１００名を超え、売上高は７・15億円と10倍に、経常利益は25倍の５０００万円と、数字はまだ小さいものの成長路線をまっしぐらに突き進む。（**図ー１**）

同社の急成長のカギはどこにあるのか。

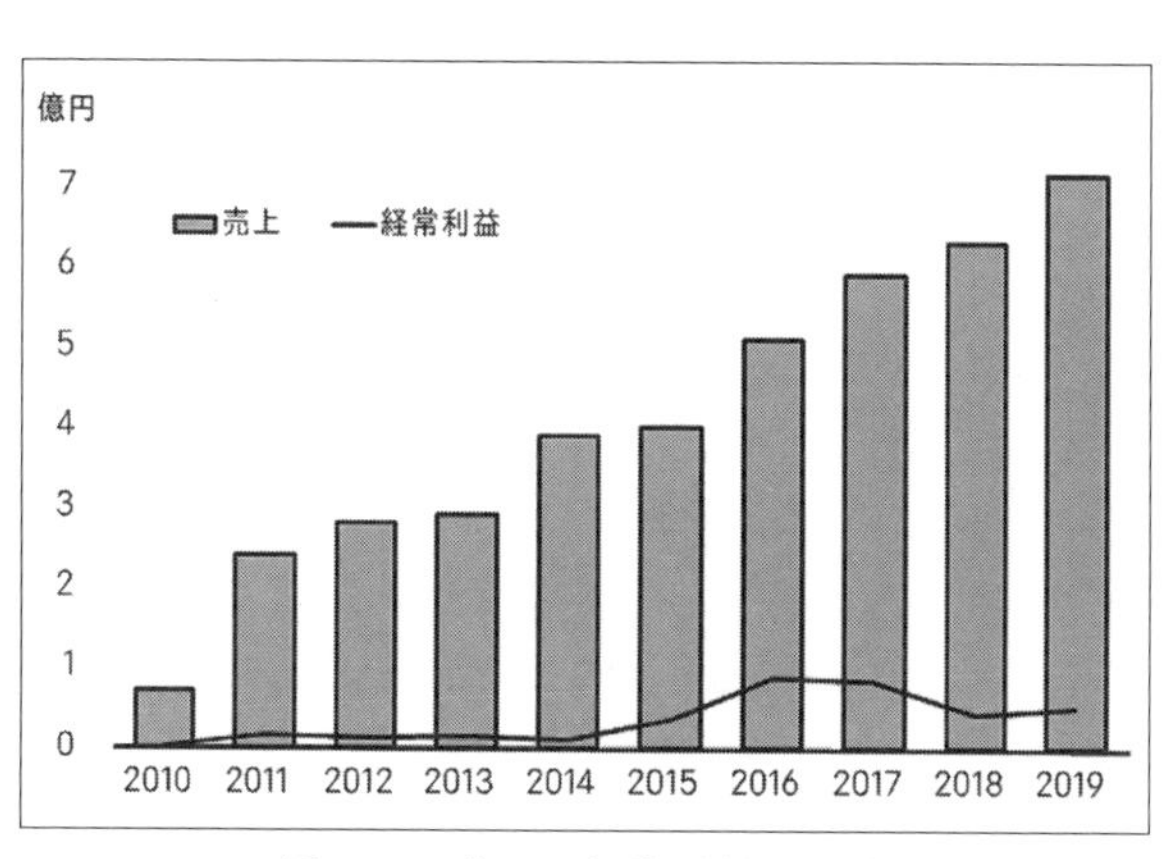


**図ー１　売上・経常利益の推移**

## 市からの受託事業の割合は漸減傾向

そのカギを探すべく売り上げの中身を事業ごとに分解してみると、興味深いことが見えてきた。

同社の正式名称は「横浜ウォーター株式会社」である。株式会社とついているから民間企業としての法人格を持つが、横浜市水道局が１００％を出資する同市の外郭団体だ。したがって、横浜市水道局からの受託事業（以下、局受託事業）が主に売上を支えているであろうことは想像に易い。

実際のところ、「局受託事業」が売上全体に占める割合は、設立当初の２０１０年には61・4％と６割以上を占めていた。

潮目が変わったのは設立5年目の２０１４年度だ。その割合が32・8％と初めて半分以下になった。というか、４割をも下回った。その後も若干の増減はあるものの４割未満のまま推移し、２０１９年度も35・8％だった。（**図－２**）

つまり「局受託事業」以外の、つまりは横浜市水

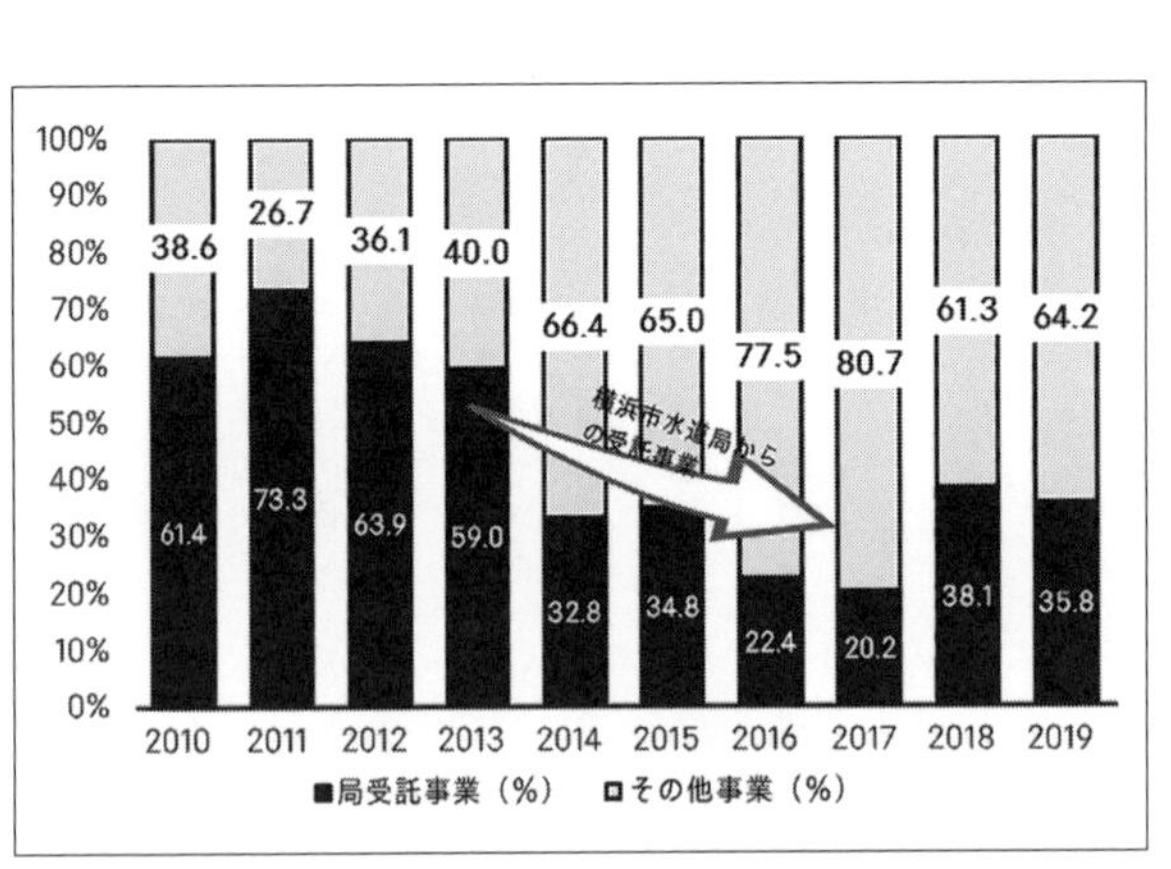


**図－２　横浜市からの受託は減少傾向**

道局からの受託ではない事業で、6割以上の売上をたたき出しているということになる。

## 他自治体からの受託が4割超

横浜市水道局からの受託ではない事業の内訳を見てみると、「国内事業」「研修事業」「国際事業」の3つ。このうち、とりわけ存在感を増しているのが「国内事業」である。

国内事業とは、横浜市水道局以外の上下水道事業運営等を支援する事業のこと。発注元は岩手県矢巾町、宮城県山元町、福島県浪江町、群馬県桐生市、茨城県常陸大宮市、埼玉県志木市、神奈川県中井町、静岡県富士市、三重県四日市市など全国各地に広がっており、経営計画やアセットマネジメント、事業運営支援等のアドバイザリーの受託実績を着実に積み上げている（**写真ー1**）。

これらの売上は2010年はゼロだったのだが、2019年度には3・26億円、全体の45・6％

**写真ー1　全国各地から事業運営支援等のアドバイザリーを受託している（写真は宮城県山元町での3者モニタリング会議の風景）**

を占めるまでに拡大した。なんと驚くことに「局受託事業」を上回っているのだ。（**図ー3**）

外郭団体というのは、一般的には出資する自治体の行政サービスを代行・支援する組織をいう。しかし、同社の活動エリアは横浜市の枠にとどまらない。

日本全国、さらには世界へと、その市場は広がっている（**写真ー2、3**）。経営トランスフォーメーションのヒントが、ここにある。

## 「他の外郭団体とは異なる」と言い切る訳

鈴木社長は取材冒頭でまずこう念を押した。

「他の外郭団体と比べ、当社は設立趣旨や組織形態などに異なる面があります」

横浜市１００％出資なのに横浜市水道局以外の仕事を６割以上も手掛けているのだから、確かに異なる。

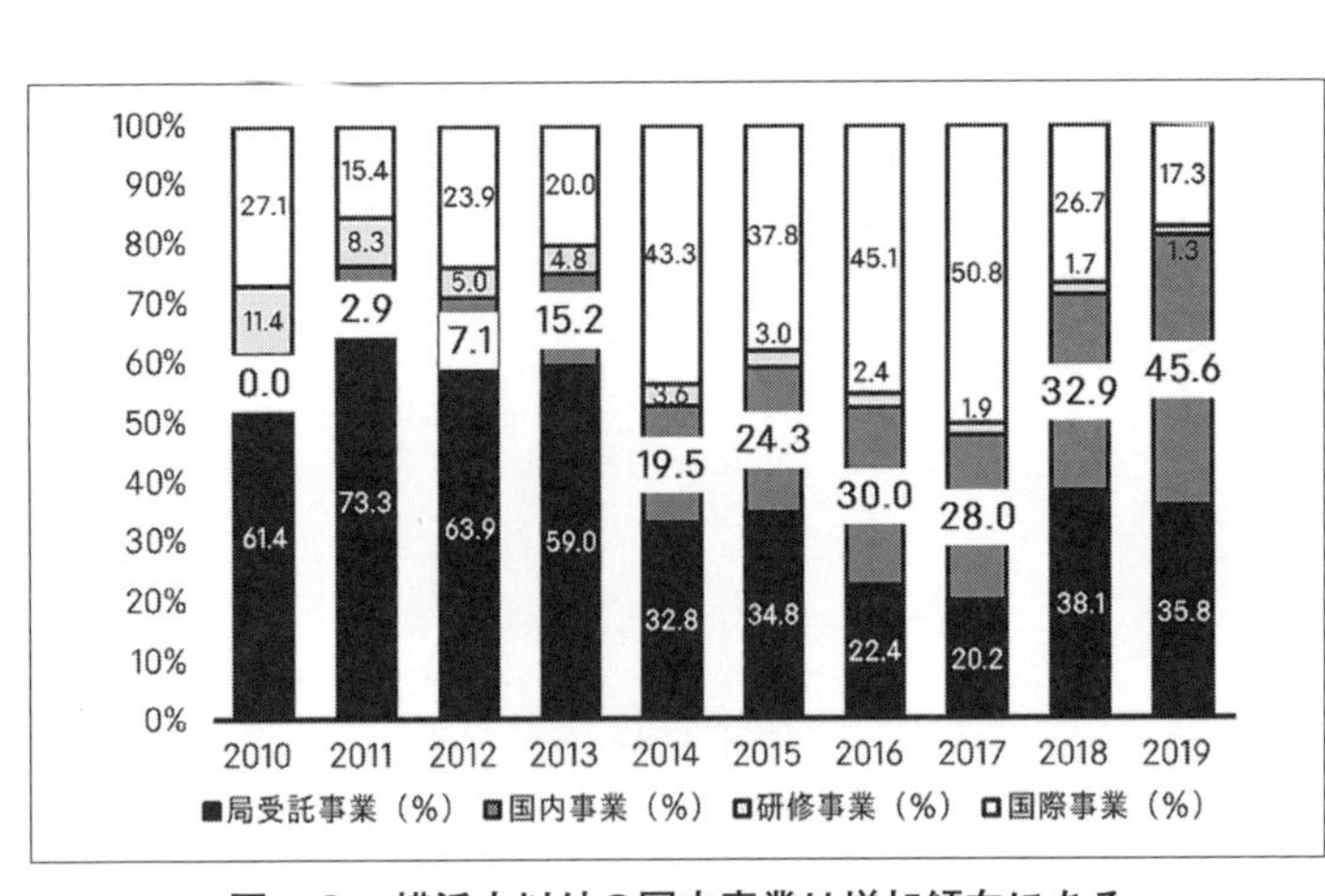


図－３　横浜市以外の国内事業は増加傾向にある

そもそも一般的な外郭団体は、とある市のサイトによると「外郭団体が担う重要な役割として、市に代わって市民の暮らしを支える行政代行的業務の実施があります」と説明されている。

同社の場合、市＝横浜市、市民＝横浜市民となるのだが、軽々とその枠を飛び越える。それが売上拡大のカギであることは先のパラグラフで述べた通りだが、より重要なことは、それが目的なのではなく、あくまで結果であることだ。目的というか、同社の経営理念にはやはり外郭団体らしさがある。

「横浜市は近代水道の発祥の地です。これまでに蓄積したノウハウを広く世の中に提供し、社会貢献する。そして、日本や世界の上下水道事業の改善に貢献するというのが当社の使命です。

他の外郭団体は出資元の自治体の仕事を担うことがほとんどですが、私たちは横浜市や自治体が有するノウハウを外に広げていく。ここが他の外郭団体とは異なるところです」

日本の上下水道事業は、人口減少や技術者不足、

写真－２　海外展開も進む（写真はマラウイ共和国リロングウェ市における顧客満足度調査）

財政難、老朽化などさまざまな課題を抱える。だから民間企業の持つノウハウや資金を活用し、効率的に運営していこうという動きがある。

しかし、早い時期から管理運営に民間企業が携わってきた下水道事業とは異なり、上水道事業は官が直営で担ってきた歴史が長い。現場の肌感をもって水道事業の課題を解決できる経験や知識やノウハウは、官側に蓄積されている。

普通ならその経験や知識やノウハウは自治体の枠を超えにくいのだが、そこを越えていくところに同社の存在価値がある。

「もちろん今後は横浜市からの受託事業も拡大していきたいと考えていますが、それだけではなく積極的に外に出て、国内外の上下水道事業に貢献して市のプレゼンスを高め、ノウハウを集積し、基盤強化を進める。これが横浜市の政策の一つであり、私たちもそれが当たり前だと思っています。

ですから、他自治体への事業展開は今や普通のことですし、そのためにマーケティングとイノベーションを重視しています」

写真－3　海外展開も進む（写真はアフリカ研修での漏水調査トレーニングの風景）

マーケティングとイノベーションを掲げる外郭団体は珍しいですよね。そう言って鈴木社長は微笑んだ。確かに、いろいろと外郭団体らしくなくて、珍しい。

## 民間出身の社長が外郭団体をビジネスする組織にした

一般的な外郭団体と異なる点として、財政支援に対する対応もある。外郭団体の経営赤字は税金で補填するケースもあり、経営が甘くなりやすく、第三セクターが自治体財政に多大な負担を与えた過去もある。この一般論を当てはめると、赤字になっても税金で補填されるケースがあるということになる。

しかし、同社の場合、設立当初からその〝奥の手〟は奪われている。同社設立時の議決で、横浜市議会から「経営悪化に伴う財政支援は行わないこと」という附帯意見が付されているからだ※。

※「公営企業の経営のあり方等に関する調査研究会報告書～公営企業の広域化・民間活用の推進について～（人口減少社会における公営企業の新たな展開等について）」平成27年3月、一般財団法人自治総合センター

だからこそ、というか株式会社なら当然ではあるのだが、適正な利益を上げられるよう経営しなければならない。「局受託事業」以外に柱となる事業を育て、経営を安定させるというのはその1つの戦略でもある。

そして、その戦略に基づいてしっかりと経営するために、設立当初から社長には行政

マンではなく、民間人がその職に就いてきた。鈴木社長もまさしくそうだ。民間企業から転職し、同社の営業部長、取締役を歴任し、社長に就任した、他の外郭団体にはない珍しい存在である。

「民間人が社長になるのは、株式会社としてビジネスをするのですから当然のこと。横浜市という官が作った会社ですが、設立以来ずっと民間経営手法を取り入れて運営してきました」

官は民よりも公益性の担保に優れる。一方、民は官よりも経営力に優れる。両者の弱みを補完し合い、強みを掛け合わせた組織。言うのは簡単であるが、実行は容易ではない。それを可能にする要素として、民間人の社長の存在は大きいと思う。

## スタートアップ的発想で実績・信頼・ファンづくり

ここ数年、同社と同じように自治体出資の上下水道会社の設立が相次いでいる。その状況を見て常々考えていたのは、既存の民間企業との関係性だ。

日本国内には上下水道のコンサルタントや運営管理会社が多く存在する。その中において、自治体、とりわけ政令市・横浜というブランド力と信頼力はあまりにも絶大すぎて、民業圧迫の側面もあるのではないか、と。この点について素直に質問してみた。

「私たちの存在意義は、上下水道事業体に密接に寄り添い、力になることです。〝公営力強化支援業務〟と言っているのですが、そのために欠かせない現地・現物・現実に基づいた経験や中立性と公益性をもったノウハウは官にしかない。（**写真1－4**）

そして、水道事業並びに下水道事業で培った歴史と総合力と先進的な取り組みを推進している横浜市にはより多くの経験とノウハウがあります」

横浜ウォーターならではの業務をやる。それによって、これまでになかった、あるいは不足しているスキルを補完する仕事を提供する。既存市場に乗り込むというより、市場を創造するスタートアップのイメージに近い。

中小自治体では職員が不足し、民間委託したくても業務的にさばけないこともある。そうした自治体の〝公営力〟なるものを強化できれば、民間委託市場の広がりにつながるし、民間の力を最大限に引き出せるという側面は確かにありそうだ。

また、官民出資型の上下水道会社が多い中、同社には民間資本が入っていない。つまり、自治体ごとに最適な民間企業とアライアンスを組める点は公平である。

とはいえ、いかに横浜ブランドをひっさげたとしても、設立当初は受注できずに苦しんだという。

「実績がないから入札に参加できず、最初は自治体の仕事はまったく取れませんでした。実績を作るには随意契約しかなく、そのために横浜ウォーターならではの特徴やサービスを出していき、同時に企業とも積極的に連携し、少しずつファンを増やしていったんです。

〝他にはない横浜ウォーターならでは〟という仕事にこだわりつつ、なんでもやっていましたよ。

信用を得て、口コミが広がり、常に変化するニーズに見合った良質なサービスと信頼が構築され続ければ業績が伸びていくのがマーケットです。

その流れに早く乗せられたのは、設立当初から社長や営業マンが民間人だったからにほかなりません」

設立10周年を迎えた２０２０年、「中期計画２０２３」を策定した。２０２３年度の売上９・０億円、経常利益６０００万円を掲げたが、早くも２０２１年度に売上目標は越えられそうだという。

写真－４　住民とのコミュニケーションのため地元のお祭りに積極的に参加（写真は岩手県矢巾町）するなど、上下水道事業体に寄り添い、地域に根差すことを重視

会社の未来像を、鈴木社長はこう形容した。

「知らないことがない組織にしたい」

そのためには資材販売もやっているし、小売電気事業も始めているし、システム開発をしたりもしている。こうして公営企業経営に必要な力を培い、ニーズに呼応した取り組みを進め、サービスを多様化する。

同社の在り様は、鈴木社長のこの一言に集約されるだろう。

「官が作った会社を民的に運営する」

上下水道事業を運営するのは、公共性の高い官であるべきか、効率化できる民であるべきか。そんな二元論もあろうが、持続可能であれば誰がやってもいいというのが筆者の意見だ。

「公共志向の高い民」はこれから重要な選択肢の1つになるだろう。

経営トランスフォーメーション

*Management Transformation*

MX

◇3◇

# 広告業界出身の上下水道サービスのコーディネーター「人」起点のデザイン経営で請負型体質を改革する

経営トランスフォーマー▽フソウ　角尚宣社長

〈Ｗｅｂジャーナル「Mizu Design」２０２１年９月公開〉

自治体が施設や管理などの仕様を決めて発注し、受注した企業が仕様通りに業務を遂行する。企業に創造性がなくても構わない。いわゆる官需事業の典型的な構造であり、上下水道事業も例外ではない。いや「例外ではなかった」と過去形で言うべきか。自治体の技術職員の減少などの要因を背景として、最終アウトプットやそのコンセプト、そこに至るまでの手順や方法などの組み立てにも企業の活躍の場が広がりつつある。この新た

な市場に「デザイン経営」で挑むのが、株式会社フソウだ。率いるのは2021年4月に社長に就任した角尚宣氏。大学卒業後、映像制作会社で様々な企業の広告制作に関わり、徹底的にデザイン思考を体に叩き込んだ。それを上下水道事業にどう生かすのか。角社長の経営トランスフォーメーションを聞いた。

## 顧客・地域・社員の喜ぶことを追求する

デザイン経営という言葉から、モノの見た目をおしゃれにしたりかっこよくしたりすることと誤解するかもしれないが、その対象となる事象は多様だ。そもそも上下水道設備は見た目より技術レベルが購入判断になるし、上下水道サービスは形を持つモノでもないから、見た目だけを追求する取り組みなど意味がない。

角社長もそこを目指しているわけではない。では、何を目指すのか。その答えは、インタビューを通して何度も繰り返されたこの言葉から推察することができるだろう。

「お客さまが喜ぶことを追求し、持続可能な地域社会を追求し、社員の人生が豊かになることを追求する」

お客さま、地域社会、社員……。並べてみると、この3つの共通項が「人」であることに気づく。特許庁が発刊したパンフレット「みんなのデザイン経営」にも、デザイン経営はこのように説明されている。

【技術や市場規模の観点ではなく、「人」を起点にビジネスを考える。】

角社長の言葉はこの解釈そのものである。

## 官需事業をマーケットイン思考で変革する

実は角社長の言葉は、同社の経営理念にも組み込まれている（**図－1**）。当たり前と言えば当たり前にすぎる理念だが、それを実践する道程そのものをリデザインしようとするところに角社長の意欲が垣間見える。

道程のリデザインとは、仕様通りの仕事をしていてもリターンが得られる従来通りの請負型から、仕様などなく、顧客ニーズをもとに最終アウトプットをデザインする提案型への変革だ。理念に掲げた「お客さまの喜ぶこと、持続可能な地域社会の追求」である。

この顧客ニーズからの発想、言い換えれば

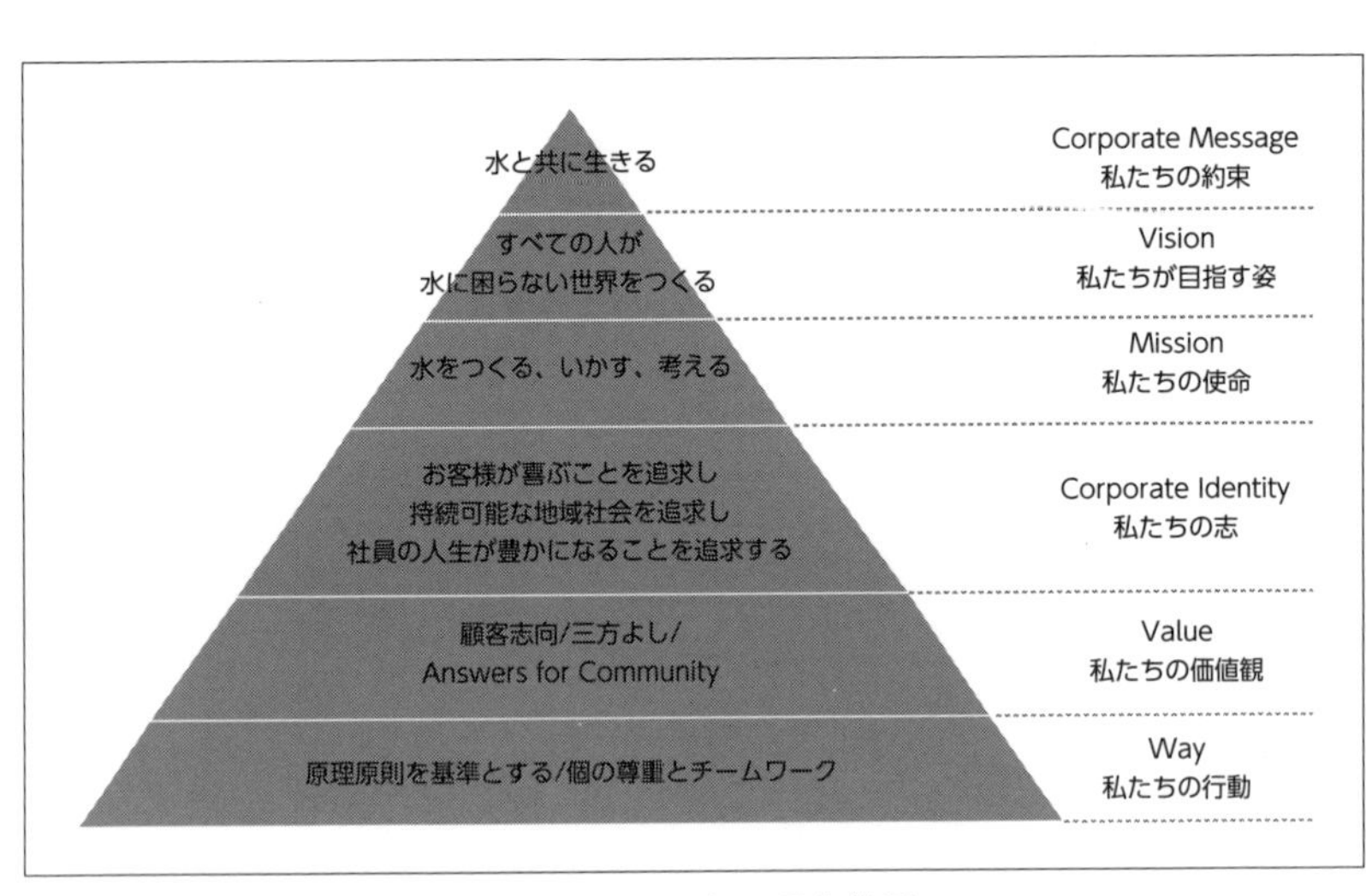


図－1　フソウの理念体系

マーケットイン思考を、デザイン経営を実践するうえで重要視している。ちなみにここで言う顧客とは、上下水道事業を管理する自治体であり、上下水道サービスのユーザーでもある。

マーケットインなしにデザイン経営なし、ということ。この信念に至るうえで、様々な企業の広告制作に携わった経験が大きく影響したという。

「大学卒業後、映像制作会社に入社し様々な企業の広告制作に携わりました。周りは広告というモノづくりのプロばかりだし、クライアントも厳しかった。OKがでるまで何晩も徹夜したことも……。ここで、まずは顧客の求めることを理解し、解釈し、作品を作るという訓練ができました。マーケットインは、体と頭に沁みついています」

官需事業にマーケットイン思考が取り込まれれば、社会サービスの価値向上につながるはずだ。

## 「自社製品・技術が多くないことを強み」と言い切るわけ

こう言う言い方は失礼かもしれないが、同社は何を売っているのかが分かりにくい会社だ。上下水道を担っていることは明白だが、処理場の建設、処理設備、パイプ、メンテナンス作業、コンサルティングなどの業界他社と異なり、その生業を容易に想像できない。そう問いかけると、角社長は「そうですよね」と笑顔で答えてくれた。

「パイプ販売の商社機能があり、要素技術を組み合わせるエンジニアリング機能もありますが、メーカーではないので自社製品や独自技術を多く持っているわけではありません。自社製品・技術に特化していれば、顧客ニーズに関係なくそれを売ろうとするプロダクトアウト志向に陥ったかもしれませんね。こだわるべき自社製品がないからこそ、要素技術や提携する企業の選択肢が広がり、顧客ニーズをくみ取ったマーケットインの組み合わせを提案できるのだと思います」

持たないことを弱みではなく、強みと捉える。この言葉も、角社長から何度も繰り返された。その発想から帰結したマーケットイン思考は、間違いなく同社の強みとなるだろう。

## 上下水道サービスをコーディネートする

とはいえ、自社製品が欲しいと思った時期もあったという。しかし、考えた末にその欲求を捨てた。

「周りはモノづくりのプロばかり。プレイヤーも多く、後発の当社が多少改良しただけの技術で追いつくことはできないでしょう。だったら、どこに当社の存在意義があるのか。どう差別化できるのか。そこを追求しようと思い直しました」

ここでもまた、広告制作での経験が答えへの近道を示してくれた。

「広告制作の現場で信じられないような天才鬼才に出会い、彼らと同じフィーをもらって作品を創造する能力は、私にはないと早々に気づきました（笑）。だったら自分に何ができるのかを追求しました。

私は音楽や絵画など幅広く様々な芸術、表現方法が好きです。この間口の広さがないと、顧客ニーズに応えるべくスタッフをそろえたり、予算建てをしたり、チームをまとめることができないと気づいたんです。コーディネーターですね。

当社も同じように感じました。上下水道専業で処理場とパイプの双方を手掛ける会社は当社くらい。それだけ幅広い人的ネットワークが国内外に広がっています。だからこそ自治体や地域の課題を見つけ、ニーズや悩みに声を傾け、それを解決するための最適なスタッフィング、要素技術の組み合わせ、予算建てなどを全体最適の視点でコーディネートできる。それこそが当社の存在意義なのではないか、という答えに行きつきました」

時代の流れも良かった。上下水道を整備するモノづくりの時代は終わり、今後は整備されたモノを使ってサービスや価値を生み出すコトづくりの時代である。折しも自治体の技術職員の減少や財政難などを背景として、上下水道の運営、上下水道サービスの提供を企業に任せる事例も増えた。

顧客が買いたいものは、1つの製品、1つの技術だけにとどまらなくなっている。上下水道業界の流れは、明らかに変わった。モノからコトへ。今ならフソウらしさで戦える。そう、確信した。

「自治体の悩み事を聞いて、全体に応えられてこそ当社の存在意義はあります。そのために徹底的に顧客ニーズを探索し、案件形成から関われる会社にしたい。ただし、あくまでも主役はメーカーなどこれまで通りのモノづくりのプロだと思います。当社は皆さんの情報を集め、人的資源や技術などをコーディネートし、コトつまりサービスを創造する企業になりたいと考えています」

人や技術の最適なコーディネート。ここにもデザインが存在する。

## 空間と働き方のリデザインでクリエイティブ発想を引き出す

フソウは2021年に創業75周年を迎えた。その間、自治体が決めた仕様を完遂する、いわゆる官需事業を手掛けてきた。しかし、顧客ニーズを掘り起こし、最終アウトプットをデザインするマーケットインには、仕様など存在しない。むしろ仕様を自らデザインしていくようなクリエイティブ発想が必要だ。受動から能動への変革が欠かせない。

社員は果たして両者を隔てる溝を飛び越えて、意識や行動を変えられるだろうか。このデザイン経営の基盤を固めるために、ここでもまたデザインからのアプローチを選択した。

まずは東京本社を移転した。以前はこういっては何だが「昭和」なオフィスだったが、今は最先端の商品を扱う店舗と老舗店舗、流行のデザイン、老若男女、そして情報が交錯する日本橋室町にある。

初めて新オフィスを訪問した際、以前にはなかった未来感というのか、何か新しいことを考えて挑戦しているという雰囲気が満ちていることと、倍くらいになった天井の高さに驚いた。

「アイデアは空間に比例すると考えています。このオフィスは立地も含め、クリエイティブな仕事ができると直感しました。天井の高さにもこだわりましたよ（笑）（**写真ー1**）。

また以前の3フロアをワンフロアに集約し、別の部署の社員同士が触れ合い、融合

**写真ー1　新オフィスの条件としてこだわっただけあって天井が高い。「空間がクリエイティブな発想をもたらす」（角社長）**

しやすいデザインにしました。当初は誰もいなかったミーティングスペースも、3カ月もすると使われるようになりました。手ごたえは感じています」

2021年4月から始まった3年間の中期経営計画には、本稿で触れた顧客ニーズの追求、働き方改革など6つの主要施策が設定されている。（**図−2**）

以前のオフィスではそのほかにもいくつか「昭和」を感じたのだが、それらも解消したという。昭和が悪いと言っているわけではない。それでいいと思考停止し、能動的にクリエイティブな発想ができないことが問題なのだ。

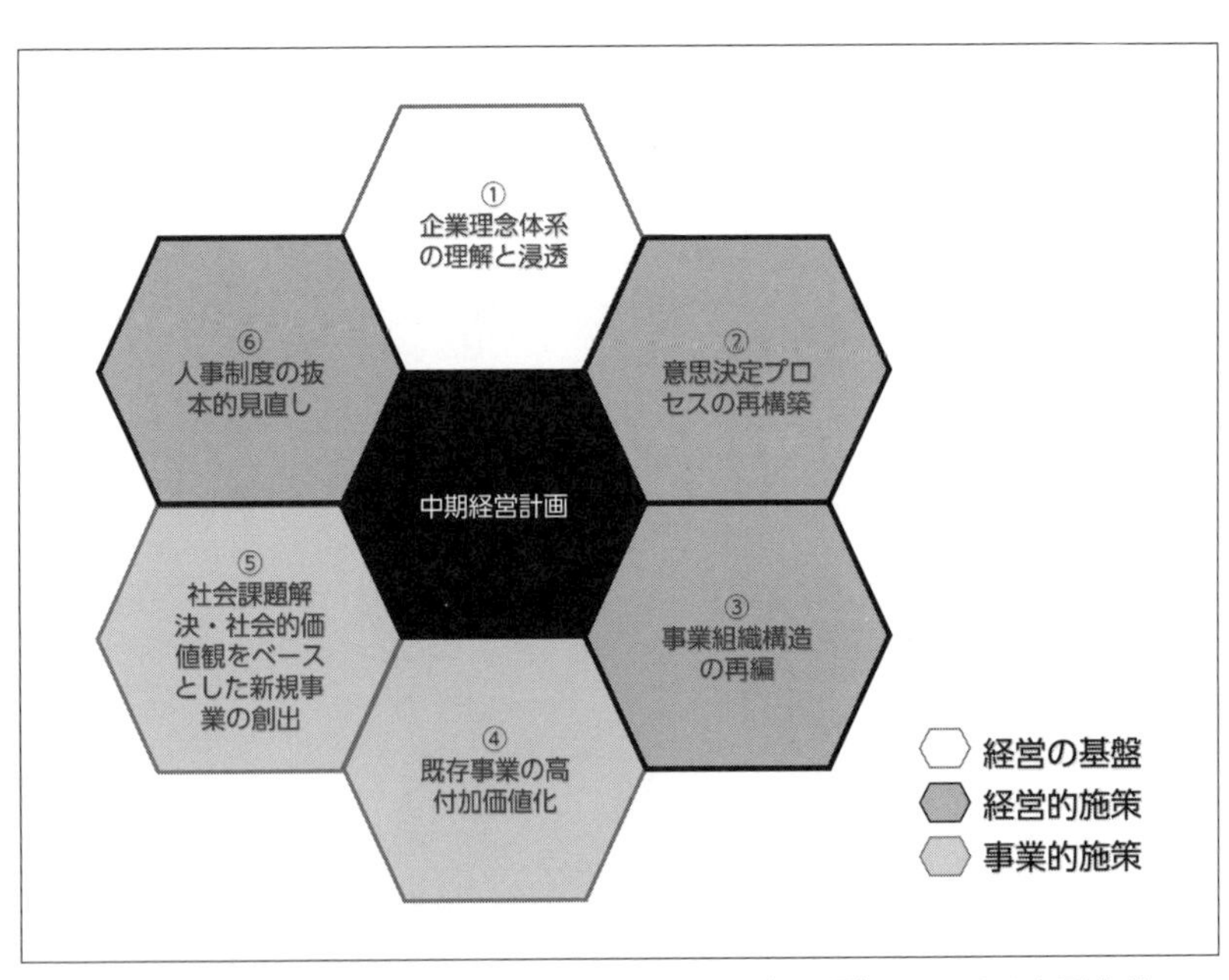


図−２　中期経営計画（2021年４月〜2024年３月）における主要施策

ろう。

## 社員にとって使い勝手の良い会社をデザインする

空間や働き方のリデザインは生産性向上とともに、社員満足度の向上にもつながるだろう。

「10年ほど前、祖父、父、母を1年半ほどの間に相次いで亡くしました。その時、死に際にいるのは家族しかいないと痛感しました。一番大切なものは社員の人生であり、その家族の人生です。人生を豊かにするために社員には『フソウ』を使い倒してほしいですし、社員にとって使い勝手の良い会社にデザインすることが私の仕事です」

将来的にはまちのユーティリティ全体を包括してマネジメントする、ドイツのシュタットベルケのような事業に寄与していきたいという。そうなると上下水道事業の枠を超え、他インフラとの融合が必須であり、同社のコーディネート力はますます必要とされるだろう。

Management Transformation

# 経営トランスフォーメーション

④

## 「売上げを減らす」という驚きの戦略
## 3年で株価2・8倍と投資家に高評価される注目株

**経営トランスフォーマー▽ベルテクスコーポレーション　土屋明秀社長**

〈月刊下水道2022年7月号掲載〉

ゼネコンや総合エンジニアリング会社を除き、上下水道インフラ業界で上場している企業は少ない。そのなかでこの3年間で株価を2・8倍に伸ばした注目株が、株式会社ベルテクスコーポレーションだ。下水道管や浸水対策用のボックスカルバートなど、コンクリート製品を手掛ける同社の戦略は「売上げを減らす」という驚きのもの。にもかかわらず、なぜ株価アップという市場評価を手繰り寄せることができたのか。同社の経営トランスフォーメーションの神髄を、土屋明秀社長に聞いた。

土屋明秀社長

## コンクリート老舗4社の統合を促した市場の縮小

同社はもともと4つの個別の会社だった。1924年創業の羽田コンクリート工業株式会社を筆頭に、1935年創業の日本ゼニスパイプ株式会社、1941年創業の羽田ヒューム管株式会社（株式会社ハネックスに改称）、1955年創業の株式会社ホクコンと、いずれも古くから日本の経済成長をコンクリート製品で支えてきた老舗ばかりだ。

1970年代から下水道整備が本格化し、年々増額される下水道事業予算に呼応するように、各社の売上げは伸びた。「作れば売れる時代でした」（土屋氏。以下同）。

潮目が変わったのは、下水道普及率が58%となった1998年のこと。ここから国の下水道事業予算は漸減し、各社の売上げも精彩を欠いていった。

それに危機感を覚えた日本ゼニスパイプの当時の伊藤社長に請われ、2005年に土屋氏が同社に入社した。そこから畳みかけるように4社の統合、提携、合併が怒涛のように進んだ。

2011年には株式移転の方式により日本ゼニスパイプとハネックスの完全親会社として持株会社「ゼニス羽田」が設立され、翌年には株式交換によって羽田コンクリート工業を完全子会社化、2014年に以上の3社が合併して事業会社「ゼニス羽田」を発足し、この機会に持株会社の商号をゼニス羽田ホールディングスに変更した。さらに2018年にゼニス羽田ホールディングスとホクコンが株式移転の方式で新持株会社べルテクスコーポレーションを設立、２０２１年にはその傘下のゼニス羽田とホクコンが合併し、ベルテクスを発足させた（**表ー１**）。

土屋氏が日本ゼニスパイプに入社してから、この間わずか16年。５年前に自らが社長に就任するまで、一貫して経営参謀として時の経営者を支え続けた。

## 質の悪い売上げをそぎ落とす

２社が合併した場合、単純に考えれば売上げは最低でも１＋１＝２になるはずで、普通ならシナジー効果で２以上の売上増大を期待するはずだ。しかし、土屋氏は「売上げは戦略的に下げてきました」と豪語する。

「２０１４年の3社合併の時、３社合わせて２１０億円ほどの売上げを１６０億円まで下げる計画を立てました。それは3年で実現できました」

売上げを下げる戦略は、一見すると発展の逆張りの禁じ手のように映る。しかし、売上げにも質の良い売上げと、質の

**表ー１　ベルテクスコーポレーションの歴史**

| | 日本ゼニスパイプ | ハネックス<br>旧：羽田ヒューム管 | 羽田コンクリート工業 | ホクコン |
|---|---|---|---|---|
| 2011 | 株式移転により特殊会社「ゼニス羽田」設立 | | | |
| 2012 | 株式交換により羽田コンクリート工業を子会社化 | | | |
| 2014 | ３社が合併し事業会社「ゼニス羽田」発足、<br>持株会社は「ゼニス羽田ホールディングス」に商号変更 | | | |
| 2018 | ゼニス羽田ホールディングスとホクコンが株式移転し、<br>新持株会社「ベルテクスコーポレーション」創設 | | | |
| 2021 | ゼニス羽田とホクコンが合併し「ベルテクス」発足 | | | |

悪い売上げがある。前者は言い換えれば高い利益率が得られる売上げ、後者は利益率が低く、場合によっては売れば売るだけ赤字になる売上げだ。土屋氏が見渡したところ、同社では道路側溝や農業用製品などの汎用品が、質の悪い売上げを生んでいた。

「汎用品を作れる会社は多いし、品質もほぼ同等だから、他社よりも多く売るためには値下げするしかありません。この価格競争に巻き込まれ、１００円の製品を40円で売る。その結果、売れば売るほど売上げは増えるが、赤字は拡大していました」

こうした質の悪い売上げを生む製品や事業を、順次そぎ落としていった。一方、自社にしかできない製品やサービスについては値上げする、という強気の改革を進めた。選択と集中は、スズキ株式会社で自動車販売の営業マンだった経歴を持つ土屋氏にとっては「経営の常とう手段」であったが、当時の（もしかしたら今もかもしれないが）コンクリート製品業界では稀有の戦略だった。そして、社内外に反発の嵐が巻き起こった。

## 管理会計の基本的手法で社員の理解を促した

質が悪いと言っても「売上げがある以上、欲しがっている顧客がいるわけだから、売り続けるべきだ」という意見もあった。「買ってくれなくなる」と値上げに猛反発されたこともある。売上げが下がれば給与も下がるという漠然とした不安が、社員にこうした意見を言わしめた。

これに対し、土屋氏は一目瞭然の数字を用いて説明を繰り返した。あるときは材料費から工場での作業量、設計や営業の労力まで精査して、個別製品ごとに原価をはじき出して見せた。

「工場ではさまざまな製品を製造していますが、それまでは工場全体の入り口と出口を比較して黒字ならOK、すなわちすべての製品が儲かっている、となんとなく思っていました。しかし、細かく分析すれば、全体で黒字でも、儲かっていない製品があることに気づけるのです」

製品ごと、あるいは事業ごとの業績分析は珍しい手法ではなく、いわゆる管理会計の基本である。しかし、それができていなかった。そんなことを考えなくても作れば売れる。そんな時代を長く過ごした経験が、そんな時代はとっくに終わっていたにもかかわらず意識変革を遅らせていた。

「『作れば売れた』のは仕事があったからであって、仕事がなくなれば売れなくなるのは当然です。経営者は、それを時代のせいにしてはなりません。どんな会社でも自社にしかない『強み』があるはずです。〝ベルテクスだからこそ〟を理解し、求めてくれる顧客に対し、〝ベルテクスだからこそ〟の製品を提供する。それを儲かる製品として育てる。それを見極め、かじ取りするのが経営者だと思います。社員にとっても、これまで儲かっていない製品にかけていた労力を、儲かる製品に充てたほうが給与も上がる、ということは容易に想像できるはずです」

**売上げ減でも営業利益は2・4倍、株価2・8倍に**

土屋氏の改革は、今のところシナリオどおりの成果を上げている。2019年3月期と2022年3月期の数字を比較してみよう。

売上げについては、ホクコンを統合した影響で2020年にいったん増加して390億円となったが、その後は（こんな言い方も妙だが）順調に375億円まで減少している。

これに対し、営業利益は25億円から61億円へと2・4倍、営業利益率は8・5％から16・4％へと1・9倍に急拡大した（**図－1**）。それが市場で高く評価され、株価を1099円から3120円へと2・8倍に押し上げた（**図－2**）。

「無駄をそぎ落とし、筋肉質の会社」になってきた。

そして、実績が何よりの原動力となり、社員の意識も変わってきた。

「以前は客が離れるからと値上げに反対していた社員が、もう少し値上げする、と言

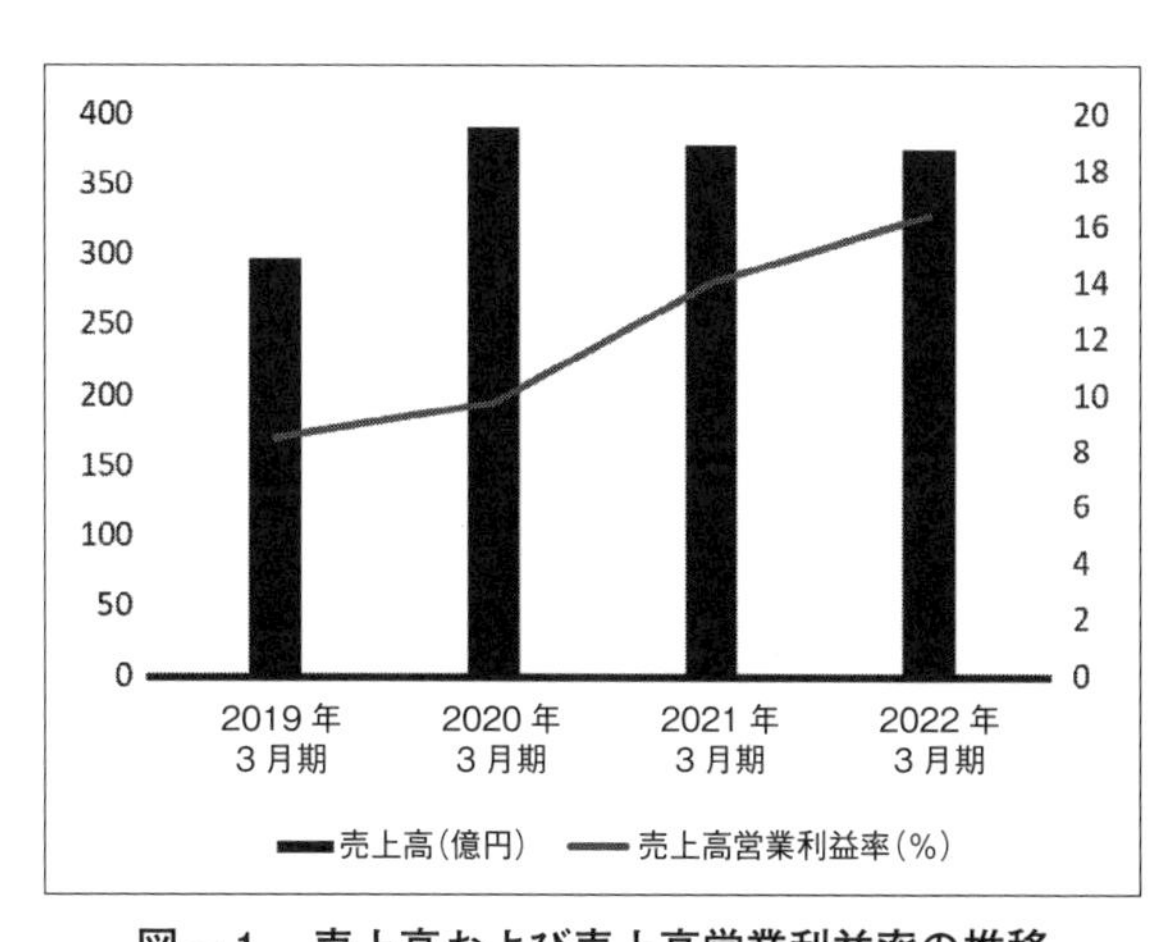


**図－1　売上高および売上高営業利益率の推移**

うようになりました。もちろん不当な値上げではなく、これまで安売りしていたものを適正価格に戻すだけです。適正価格があるということは、顧客であるゼネコンや行政にもご理解いただきたいと思います」

### モノからコトへ、〝ベルテクスだからこそ〟を追求

経営層と社員が同じ方向を見つめるようになったら、強い。これまで売上げを下げる戦略で臨んできたが、今後は一転して売上げアップを狙う。2022年度から2024年度までの中期経営計画で目指すのは、売上高410億円だ。

それを実現するための次なる戦略は「モノからコトへ」である。コンクリート製品を長く、安心して、使い続けられるようアフターサービスにも力を入れていく。

その象徴的存在が、RFID事業（Radio Frequency Identification。近距離無線通信を用いた自動認識技術。タグのデータを電波を用いて非接

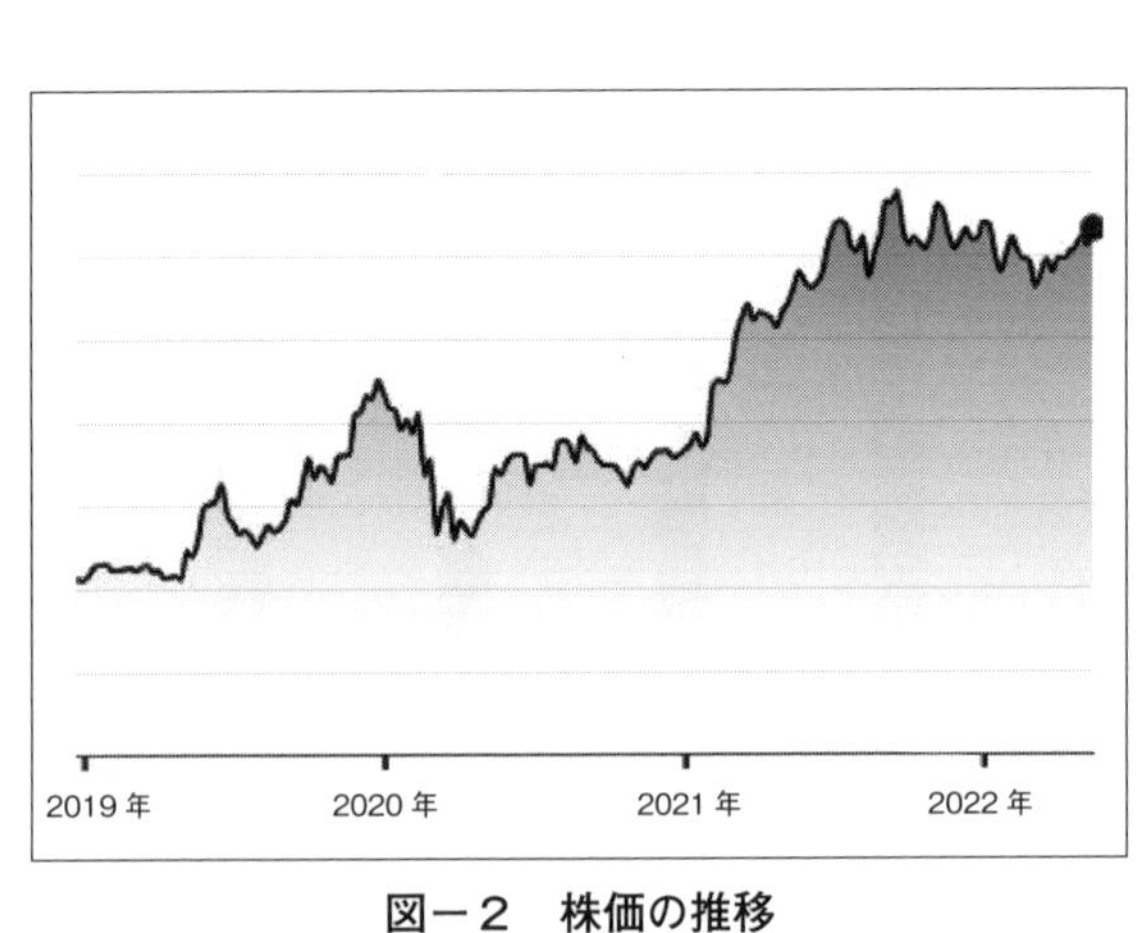


図－２　株価の推移

触で読み書きするシステムのこと）である（**写真－1**）。上下水道インフラのような地下に埋設された施設のIT管理を可能にするもので、金属製品や屋外の過酷な環境下でも使える〝ベルテクスだからこそ〟の技術だ。「今後は当社製品にすべて搭載したい」と意気込む。

「コンクリートの総合診断病院」をコンセプトに、コンクリート構造物の調査・診断を展開する株式会社M・T技研も傘下に入り、着々とコト化が進む。

もちろんモノに関しても手は抜かない。従来から利益をけん引してきた立役者「落差マンホール」（**写真－2**。豪雨で大量の雨水が一気にマンホールに流れ込んだ時に発生する乱流を抑制し、スムーズに雨水を下水パイプに流し込むことができるマンホール）をはじめ、既存技術より3割ほどコストダウンできる無電力の地

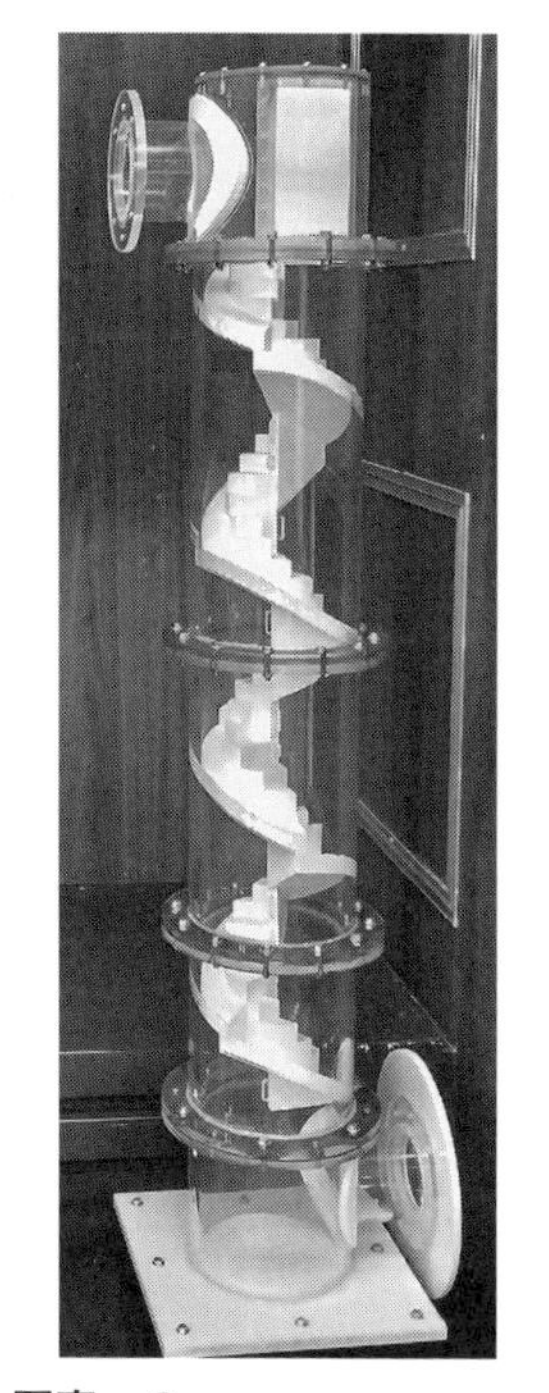

写真－2
『ベルテクスならでは』の象徴的技術の1つである「落差マンホール」の模型

写真－1　インメタルタグなどRFIDで上下水道インフラのIT管理をサポート

中熱冷暖房など、〝ベルテクスだからこそ〟をますます追求していく。

「モノを売って終わりではなく、1つの製品のライフサイクルの流れを通して、顧客に何が提案できるか。そこを考えないと生き残れません。まだまだチャンスはいっぱいあると思っています」

最近では腸内環境を整える乳酸菌事業や、アグリ事業も展開する。ベルテクスファーム房総で栽培した「フルティカトマト」（**写真－3**）は甘いと好評だという。

同社の事業領域は、暮らし全般に広がっていくようだ。今後、どのような暮らしのカタチを提案していくのかが注目だ。

**写真－3**　乳酸菌事業やアグリ事業も展開する（写真は甘いと評判のフルティカトマト）

Management Transformation

# 経営トランスフォーメーション

⑤

## 下水道の管路管理を儲かるビジネスにして売上げ3倍 惜しげもなくノウハウを放出した3代目の異端者

**経営トランスフォーマー▽管清工業　長谷川 健司 社長**

〈月刊下水道2022年8月号掲載〉

下水道管の清掃や点検、補修などに専業で取り組む管清工業株式会社は、その業界のトップランナーとして名を馳せる。親から子へと社長のバトンは受け継がれ、今、3代目としてその職に就くのが長谷川健司氏だ。1998年の社長就任当時と比較すると、直近の売上げは157億円と3倍を超える。長谷川社長に成長を続けるための経営トランスフォーメーションを聞いた。

長谷川健司社長

## 知財を放出し、仲間を増やす

管清工業はさまざまなパイプの調査・清掃・補修などを手掛ける。下水道管路を対象としたＢ toＧ（行政向けビジネス）を筆頭に、建物内の排水設備を対象としたＢ toＣ（顧客向け）、鉄道の排水設備を対象としたＢ toＢまで手広く事業展開している。

このうち売上げの多くをたたき出す下水道分野では、30年以上も前から「建設から管理の時代に入る」と言われ始めた。管路管理を手がける同社には、まぎれもない追い風だ。しかし、期待に反してすぐにはそよとも風は吹かなかった。国や地方自治体の予算は整備偏重が続き、整備したモノの管理にはなかなか回ってこなかった。

「1998（平成10）年に社長に就いてから10年間は、仕事が増えなかったですね。予算をつけてくれるようになったと感じたのは6年ほど前。つい最近のことです」

長谷川社長は当時をこう振り返る。仕事を増やすにはどうしたらよいか。思案の末に取った策が、知財の放出だ。

管路内の調査にはテレビカメラが用いられる（**写真－1**）。テレビカメラさえあれば誰でも管路内を撮影できる

写真－1　管路内を調査する自走式テレビカメラ「グランドビーバーシステム」

が、そのデータを読み解き、解析し、再構築すべきか補修で済むかなどを判断するには一定の熟練が求められる。その熟練こそが同社の知財であり、宝ともいうべき資源だが、それを惜しげもなく他社に提供した。狙ったのは「仲間を増やすこと」だ。

「自社開発した調査機材を自社だけで使っていても市場は広まりませんが、使い方や診断のガイドラインなどを公開すれば仲間が集まり、仲間が集まれば全国ネットワークができて、仲間が全国各地で営業をして、広めてくれる。同じことをやる会社が増えて、集まって、大きな塊になれば、1社でやるより大きな市場を開拓できます。今でもその判断は間違いではなかったと確信しています。もちろん社内に反対意見はありましたが〝教えちゃえ～！〟って。同業の社長の息子の武者修行も受け入れましたよ」

「自社の業界シェアは10%まで。会社を大きくしたいなら分母となる業界をでかくする。これが当社の哲学です」

長谷川社長の行動は、この哲学そのものである。

## 業界がデカくなれば市場も売上げも拡大する

「分母となる業界をでかくする」ために、もう一つ長谷川社長が取り組んだことがある。下水道管路管理〝業〟という業界を作ることだ。

整備が主流であったかつての下水道事業では、整備したモノを管理する業種は当然ながら存在しなかった。そうしたなか、整備全盛期の1962年にいち早く管理に目を付けて創業し、1代目は管路管理に必要な機材の輸入販売、2代目で管路管理の手法を確立した。しかし、単発的な仕事に終始していることが長谷川社長には気がかりだった。

「モノがある限り管理は続く。だから管路管理業には長期的な視点が求められるのですが、それまでは行政に言われたことだけをやって終わり、また別のことを言われてやって終わりでした。これは管路管理業ではありません」

では、管路管理業とは何か。長谷川社長は、それを徹底的に考え抜いた。

「管路管理業とは、次にやるべきことを見える化し、顧客に提案することだと思います。先を見越した計画的な管理につながれば顧客に貢献できますし、企業にとっても次の仕事につながり、持続可能な経営を実現できます」

1993（平成5）年、管路管理を手掛ける各社が集まって「社団法人日本下水道管理管理業協会」が発足した。2代目の父は中心人物として関わり、2009（平成21年）に長谷川社長が会長に就いた。長期的な視点で管路管理業の未来を見据え、会長就任後すぐに公益社団法人に移行し、管路管理技術の普及や人材育成など、より公益性の高い事業を展開している。

「下水道サービスを維持していくには、管路管理の力は不可欠です。だからこそ、管路管理業を確立したかったし、確立する必要がありました」

## 管路管理業の地位はコンサルやメーカーより下ではない

しかし、それでもなお、管路管理業が社会的地位を獲得するまでには時間を要した。長谷川社長には苦い経験がある。

２００２（平成14）年に上下水道サービスの国際規格を作るため、国際標準化機構（ＩＳＯ）に技術委員会ＴＣ２２４が設置された。国内委員会には日本に不利になる規格にならないよう参加国と英語での厳しい交渉が求められるなか、海外でのビジネス経験が豊富な長谷川社長にアドバイザーとして白羽の矢が立った。しかし、当時はまだ整備に関係する業界が上で、管路管理が下に見られていた時代。他のメンバーから「なんだあいつは？」と白い目で見られた。

「整備の時代を支えていたメーカーやコンサルタントの業界から、管路管理が下に見られていたのがとにかくくやしかった。公益社団法人ができ、市場も広がってきた今、ようやく他の業界と同じテーブルに乗れるようになりました」

ビジネス的な視点で仲間を増やす経営戦略と、公益的な視点での活動。その両輪が、長谷川社長の読みどおり管路管理市場を拡大した。

「以前は〝仕事がない〟という声が同協会会員から聞こえてきましたが、ここ数年は聞かなくなりました。きちんと予算がついて、管路管理が行われている証です」

## 「管路管理業」と「管清工業」を一般社会に認知してもらいたい

長谷川社長にはもう一つ、苦い経験がある。同社の社員がマンホールの蓋を開けて中に入り、点検作業を行っていた時のこと。興味津々で近づいてきた子どもの手を引っ張りながら、母親が「そっちにいっちゃだめよ。言うこと聞かないと、あんな人になっちゃうよ」と言ったのだそうだ。「あんな人」とは、大学卒で入社した同社の若手社員だった。

それ以来、管路管理業とは何かを知ってもらう啓発活動に力を入れるようになった。

工事現場では通行人や住民を遠ざけようとするものだが、安全を確保したうえで逆にそこに人を集め、機材を見てもらったり、工事内容を説明したりしてほしいと社員に訴えた。工事現場は住民との交流の場に変わった（**写真－2**）。

「道路で工事をしていると嫌な顔をされることもありますが、きちんと説明すると〝ありがとう〟と言ってもらえます。それが社員の自尊心を育て、離職率も下がってきました」

この取組みは国土交通省が主催する「インフラメ

**写真－2　通りすがりの市民からの質問に丁寧に回答する**

ンテナンス大賞」の２０２０年度の国土交通大臣賞を受賞し、対外的にも高く評価されている。

それでもなお〝業界内では有名〟という自社の立ち位置に、長谷川社長は満足していない。

「一般社会に当社の名前を知ってもらい、管路管理という仕事を知ってもらえるようになりたい」

そのためにＪ２リーグの町田ゼルビアに協賛したり、神宮球場のオフィシャルスポンサーになるなど、露出を高めている。

２０２２年４月には創業60周年を記念して「厚木の杜　環境リサーチセンター」を開設した。下水管の中に入る体験ができる施設（**写真－３**）や、下水道管路管理の歴史や機材などを学べる「長谷川記念館」などがある。もちろん一般の人も入場可能だ。

厚木の杜は開設したものの、まだまだ未完成。「サグラダファミリアのように、時間をかけて工事を進め、着実に進化させていきます」と長谷川社長。

それと同時に下水道管路管理のあり方も、どんどん進化させてくれるはずだ。

写真－３　厚木の杜にある体験用の下水道管。調査・清掃などの研修用としても使用する

MX *Management Transformation*

# 経営トランスフォーメーション

⑥

## 上下水道コンサルの再定義で赤字からのV字回復
### 壁を壊し、地域に根差す

**経営トランスフォーマー▽日水コン　間山　一典　社長**

〈月刊下水道2022年9月号掲載〉

株式会社日水コンは1996年から13年もの間、業績が下落し続ける苦しい時代を過ごした。2009年に初の赤字を経験した時には、売上高は全盛期の6割以下の約150億円にまで落ち込んでいた。しかし、2020年までに売上高205億円、営業利益13億円へとV字回復に成功。上下水道コンサルタントのなかでは売上高が200億円を超え、最大手の名にふさわしい活躍を見せている。「復活」を手繰り寄せた経営トラ

間山一典社長

ンスフォーメーションを間山一典社長に伺った。

## 業績が悪くてもリストラしなかったワケ

「2年前にコロナ禍になってから『我が子がリストラされるのでは?』と親族が心配している新入社員がいるかもと思い『売上げが下がり続けた時期も、赤字期も、ずっとリストラをせずに乗り切ってきた、だから安心してほしい』と新入社員研修で話をしました」

そう言って、間山社長は1つのグラフ(**図1-1**)を見せてくれた。登って下がってまた登る乱高下する要素と、大きく乱高下せずに徐々に右肩上がりになる要素が重なり合うこのグラフは、同社が経験した経営の「底」と「復活」の道程を如実に物語っている。

乱高下する要素は、売上高であり、利益率である。これらに対し、徐々に右肩上がりになる要素が役職員数である。売上げが減ってもリストラしなかった証、そして、同社がヒトを大切にしてきた証である。

「なんといってもヒトが資産です。リストラすれば、良い人材ほど辞めてしまう。だからリストラではなく、賞与を削ったり、経費を節減したりして乗り切りました」

1996年に売上高255億円、営業利益17億円をたたき出したものの、そこをピークに業績は一気に落ち込んでいく。底となった2009年には売上高がピーク時の6割ほどの148億円まで下がり、3億円の赤字を計上した。

当時は民主党政権下で公共事業が悪者扱いされ、国の予算もがんがん減らされた時期だ。同社の業績は国の建設投資（土木・政府）と面白いようにシンクロして低迷した。

しかし、そこから一気に業績はＶ字回復。２０２０年の売上高は２０５億円と20年ぶりに２００億円を超えた。のみならず着目すべきは、営業利益率の大幅な改善だ。同程度の売上高であった20年前の２００２年度と比べると、営業利益率は３％から７％へと倍以上となり、14億円の営業利益を確保した。

業績が苦しかった時期に役職員数は若干減っているが、これはリストラではなく採用を減らしたため。日水コンを働く場として選んでくれた社員をリストラしない。その思いで大切にしてきた「人財」が盤石な経営基盤となり「復活」につながったことは間違いない。

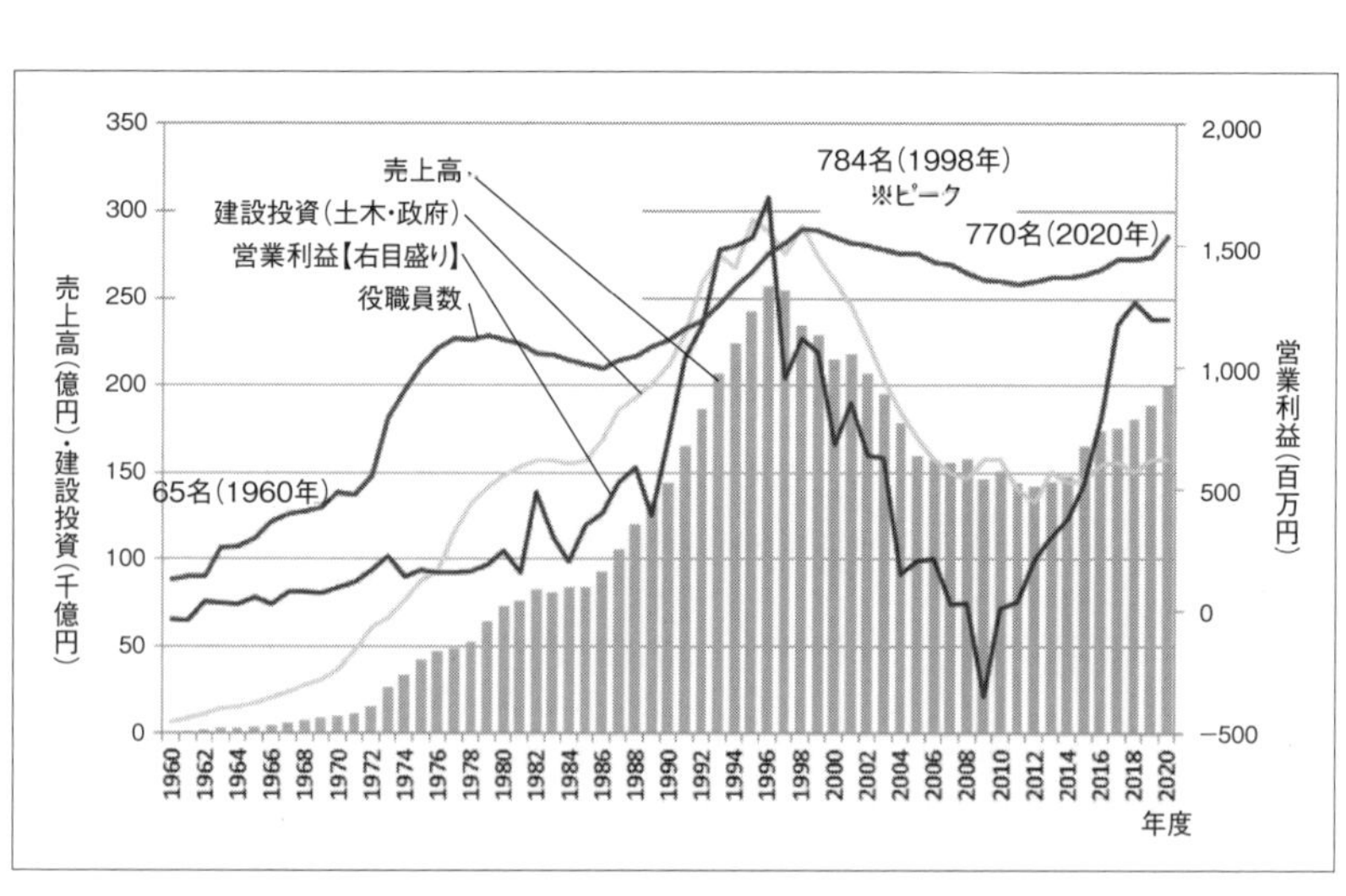


図－１　売上高・営業利益・役職員数の推移（資料提供：日水コン）

## ＢtoＧからの多角化で慣れ親しんだ業態から脱皮

業績回復の兆しは、２０１２年から見え始めた。その前年に発生した東日本大震災を受け、復興特需で大規模な復旧工事が相次いだ。安倍政権は国土強靭化を訴え、上下水道では経営戦略やアセットマネジメント計画の立案、広域化、水道ビジョンの策定など、全国各地でコンサルタントが関与する仕事が急増した。国の建設投資（土木・政府）は２０１２年に底を打ってからは年々増加しており、２０２１年には24兆円を超えた。当時はそれら業務をこなすだけで目いっぱいだったという。

この頃から、国の建設投資の挙動にシンクロしていた同社の売上高が、良い方向にズレ始める。国の建設投資の伸びが緩やかであるのに対し、同社の売上高はかなり急に拡大した。営業利益はさらに急騰だ。このズレを生んだところにこそ、同社の経営トランスフォーメーションがある。

なにがズレを生んだのか。その要因を、間山社長は端的にこう述べた。

「多角化です」

上下水道コンサルタントは、国や地方自治体から設計や計画策定などの業務を受託し、公共事業の官側に寄り添って仕事をするＢ to Ｇビジネスである。だから、国の建設投資と売上高の挙動がシンクロするのだ。その方程式が、多角化によって良い意味で崩れた。

「これまでＢ toＧでは官側の立ち位置でしたが、ＰＰＰ（官民連携）では民間コンソーシアムに参画するなど、民側の立ち位置でも仕事をするようになりました。上下水道施設を設計するだけではなく、運営する側にもなったんです。『我々の仕事はここまで』と自らタガをはめることはないと思う」

多角化とは、慣れ親しんだ業態からの脱皮でもある。

「ただし、同じ会社内に官側の立ち位置で仕事をする社員と、その官から発注された仕事を民側の立ち位置で受託する社員がいるというのは、利益相反が懸念され、コンプライアンス的にもあるべき姿ではありません。そのため、２０２１年に組織を変更し、官側の部署と、民側の部署を明確に分離しました」

### 日揮グローバルと提携しＢ toＢ市場にも参入

多角化はそれだけではない。Ｂ toＢ、つまり民間企業からの仕事を受託する民需市場にも乗り出した。２０２１年4月、総合エンジニアリング企業である日揮グローバル株式会社と、海外における水インフラ分野に関する業務提携を締結したのだ。

日揮グローバルは、工業団地の整備など海外市場で活躍する。そのすべての現場で、排水処理や給水設備が不可欠だ。そこを、日水コンが担う。

「Ｂ toＢは自分で仕事を作っていかないといけない。本当のビジネス、大人のビジネスという感じがします」

ＢtoＧのビジネスモデル改革、さらにＢtoＢという新規事業への参入。そして、それを支える組織と、実現する人財。これらによって「復活」が成し遂げられた。

## 海外本部を廃止した真意

２０２０年に久しぶりに売上高２００億円を超えた。２０２５年の目標は売上高２２５億円だ。次はどのような経営トランスフォーメーションで臨むのか。その種を、２０２１年に行った組織変更に見ることができる。注目したいのは、海外本部をなくしたことだ。

国内では上下水道インフラがほぼ整備され、作る需要がなくなり、人口も減少するため、海外市場に打って出るべきだという声は多い。同社はその逆張りを行く。

「以前から国内と海外を分ける意味はないんじゃないかと思っていましたが、コロナの影響で海外で仕事がやりづらくなって、さらにその思いが強まりました。グローバルな活動は必要ですが、それは海外の仕事をすることではなく、社員一人ひとりのネットワークがグローバルであることではないでしょうか。頼まれて仕事をする、その先がたまたま海外だというだけ。その地域に根差して仕事をすればいいわけですから、国内と海外を切り分ける必要はない。だから、国内と海外の組織の壁を壊したんです」

組織変更では、BtoGの官側を担当する「コンサルティング本部」、営業を担う「地域統括本部」、BtoGの民側、民需や新規事業を担う「インフラマネジメント本部」、管理部門の「コーポレート本部」の4本部体制とした。このうち、地域統括本部とコンサルティング本部、インフラマネジメント本部には、海外担当と国内担当が混在する。

「国内市場がシュリンクするから、海外市場に成長戦略を求める。そういう考え方では元気が出ませんよ。社員一人ひとりの知識や経験を活かせる場所を探すことが重要で、それが国内でもいいし、海外でもいい。そこがフロンティアなんですよ。自分の故郷を元気にする、と考えたほうがやる気が出るでしょう。海外と国内の壁がなくなれば、国内外の情報が共有されて、新しい発想が生まれる可能性も高まります」

2025年を目標年度とする中期経営計画には、3つの戦略が書かれている（**図1-2**）。「壁を超える」「地域に根差す」「足元を固める」。国内だとか海外だとかにとらわれず、壁を超え、どこでもいいから各自が「自分ならでは」を活かせる地域を見つけ、そこに根差して仕事をする。そのために組織変更で足元を固めていく。

同社もそうだが、上下水道コンサルタントは東京に本社を置く会社が多い。地方で仕事をする時は、ともすれば落下傘のように突然やってきて、期間が終われば帰っていく〝地元以外の人〟という見方をされることがあるという。

「東京から地方や海外に行って短期間だけ仕事をして、稼いで、引き上げる。これでは地域がやせ細ります。地域に根差し、地域で事業を起こし、インフラを守る仕組みを作ることが、これからのコンサルタントの仕事だと思います」

壁を超え、地域に根差す。海外本部廃止という選択からは、間山社長の本気度が伝わってくる。

**地域に根差し、ビジネスと雇用を育みたい**

地域に根差すための種まきも、着々と進んでいる。鹿児島高専とは、名産の荒茶が肥料代の高騰で売上げが低迷しているという地域課題の解決に一緒に取り組んでいる（**写真－1**）。下水汚泥と竹の間伐材から製造した肥料を活用するもので、2022年度「第49回環境賞」優良賞（主催：国立環境研究所など）を受賞した。

秋田県にかほ市では、学生や行政と協働して、水を切り口とした未来討論を進めている（**写真**

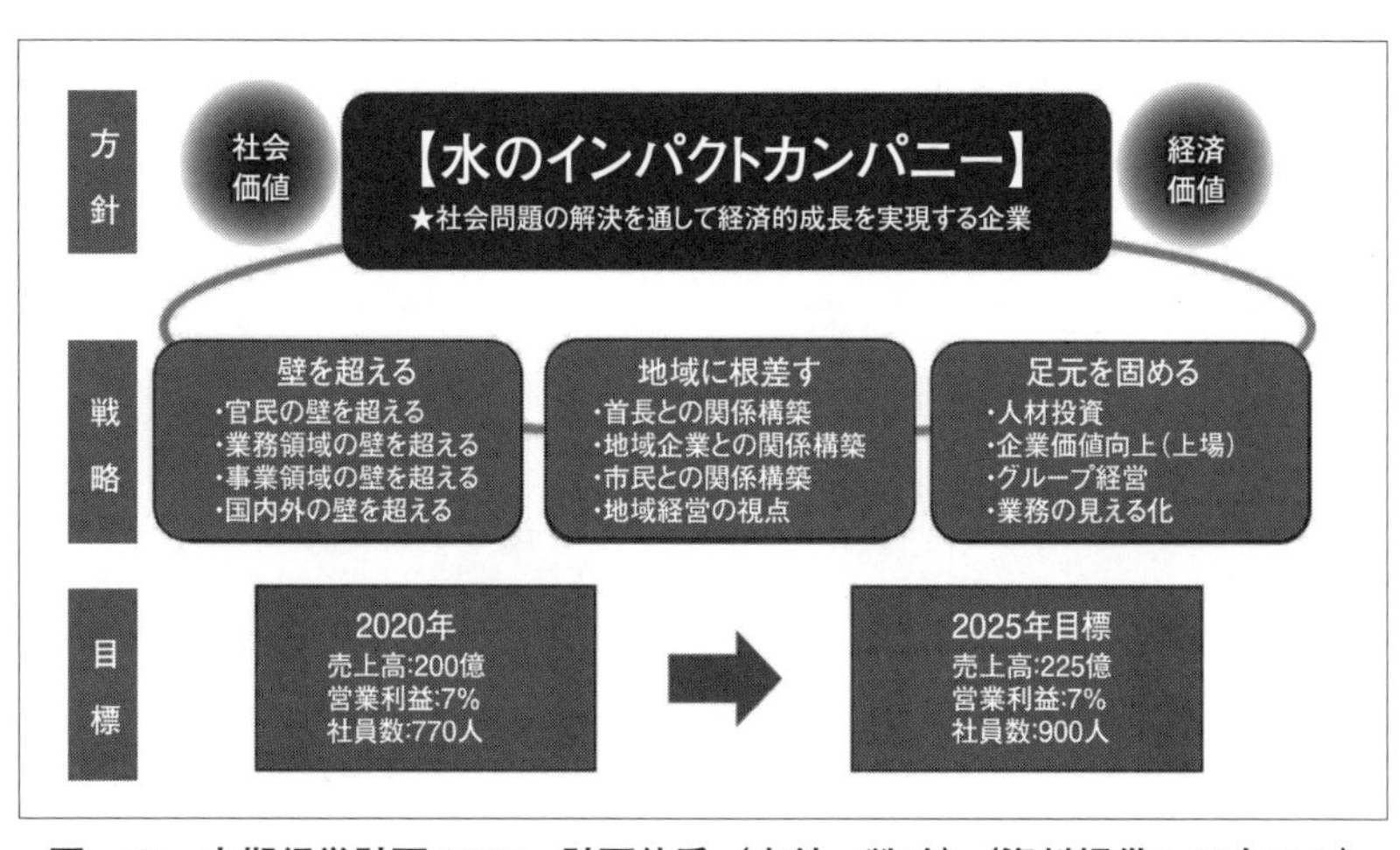


図－2　中期経営計画 2025　計画体系（方針・戦略）（資料提供：日水コン）

－2）。

　2020年には、日水コン水インフラ財団（2023年に水・地域イノベーション財団に改称）を設立した。水に関する市民活動や研究などに助成するもので、小学生が取り組む環境学習のような小さな活動も対象とする。

「当社だけでは活動する地域は限られます。ですから財団が地域活動を見つけ出すという意味もある。ゼロを1にするのが財団で、1を10にするのが日水コン。小さくてもいいから地域に新規ビジネスと新規雇用を生み出していきたいのです」

　地域のコーディネーターということですか、との問いは秒殺された。

「その言い方は偉そうですよ。まず

写真－1　鹿児島高専などと一緒に、下水汚泥由来の肥料で鹿児島県特産「荒茶」を栽培し、肥料費高騰と売り上げ減という地域課題の解決に取り組み、「第49回環境賞」優良賞（国立環境研究所等主催）を受賞した（写真は枠摘み調査の様子。写真提供：日水コン）

地域に入って、地域に認められることから。そのためには、長い時間がかかるでしょう。〝地域に根差す〟と言うのは簡単ですが、ある種の覚悟が求められます。それは、その地域から逃げない、引き揚げないという覚悟です。『そこに墓を買えば信用されるかも』なんて言う社員もいますよ。それくらいの覚悟が必要なんです」

今、地域にまいている種が芽吹き、花を咲かせるのはいつのことか。

「10年はかかるかもしれませんね。花が咲かないかもしれない。本業が好調な今なら、時間もさけるし、失敗もできる。この5年間で、東京のコピーではない地方のやり方をデザインし、足元を固めたいと思っています」

上下水道コンサルタントは、設計や計画をする会社というイメージが強かった。確かにこれまでは、そうだったかもしれない。日水コンは今、そ

写真－２　秋田県にかほ市では学生や行政と協働して、未来型水循環都市にかほモデルの構築を目指した勉強会に取り組んだ（写真提供：日水コン）

のイメージを脱ぎ捨てようとしている。つまり、上下水道コンサルタントの仕事が変わるということですか、との問いもまた秒殺された。

「もともとコンサルタントとは〝相談する人〟〝座して、議論して、共感を得る〟が語源で、その本質は〝共に問題を解決する〟ことにあります。地域に座り、地域の人と話をし、一緒にやっていく。日水コンが掲げる経営戦略は、もともとのコンサルタントのあり方に戻ろうということです」

上下水道コンサルタントの仕事が変わるわけではなく、そのあり方を再定義するということだ。その先に描かれる未来を見てみたい。

# 経営トランスフォーメーション

*Management Transformation*

## ⑦ 覚悟の大赤字からV字回復を実現
## 全体的視野で上下水道ビジネスをアーキテクトする

**経営トランスフォーマー▽日本鋳鉄管　日下修一社長**（現・特別顧問）

〈月刊下水道2022年12月号掲載〉

異業種、異分野から来た社長だからこそ、見過ごされてきた課題が見えることがある。2018年6月に日本鋳鉄管株式会社の社長に就任した日下修一氏もその一人だ。日下氏は同社の親会社であり最大株主でもあるJFEスチール株式会社で、製鉄所の所長を務めていた。そんな日下氏の眼には、1937年に創業した老舗企業のあちこちからあふれ出る膿が見えた。就任

日下修一社長（現・特別顧問）

からの2年間、課題を命題と捉え、地獄の苦しみと振り返る経営立て直しに力を注いだ。日下氏に経営トランスフォーメーションを伺った。

## 現場を歩いて気づいた「なんでこんなに在庫が多いんだ⁉」

日本鋳鉄管の業績は、日下氏が2018年度に社長に就任する数年前から芳しくなかった（**図－1**）。2016年度は売上高を2％ほど落とし、2017年度は6％減の129・8億円。下げ幅が一気に拡大していた。

経常利益はもっと悪かった。2017年度は前年比で約82％減の約1億円。2014年度からの4年間で、経常利益は1割ほどにしぼんでいた（**図－2**）。悪い数字が乱立する中で、親会社から送り込まれたのが日下氏だった。

「利益はギリギリのプラスでしたが、実情は危ない状況でした。早く立て直さないと沈没する。

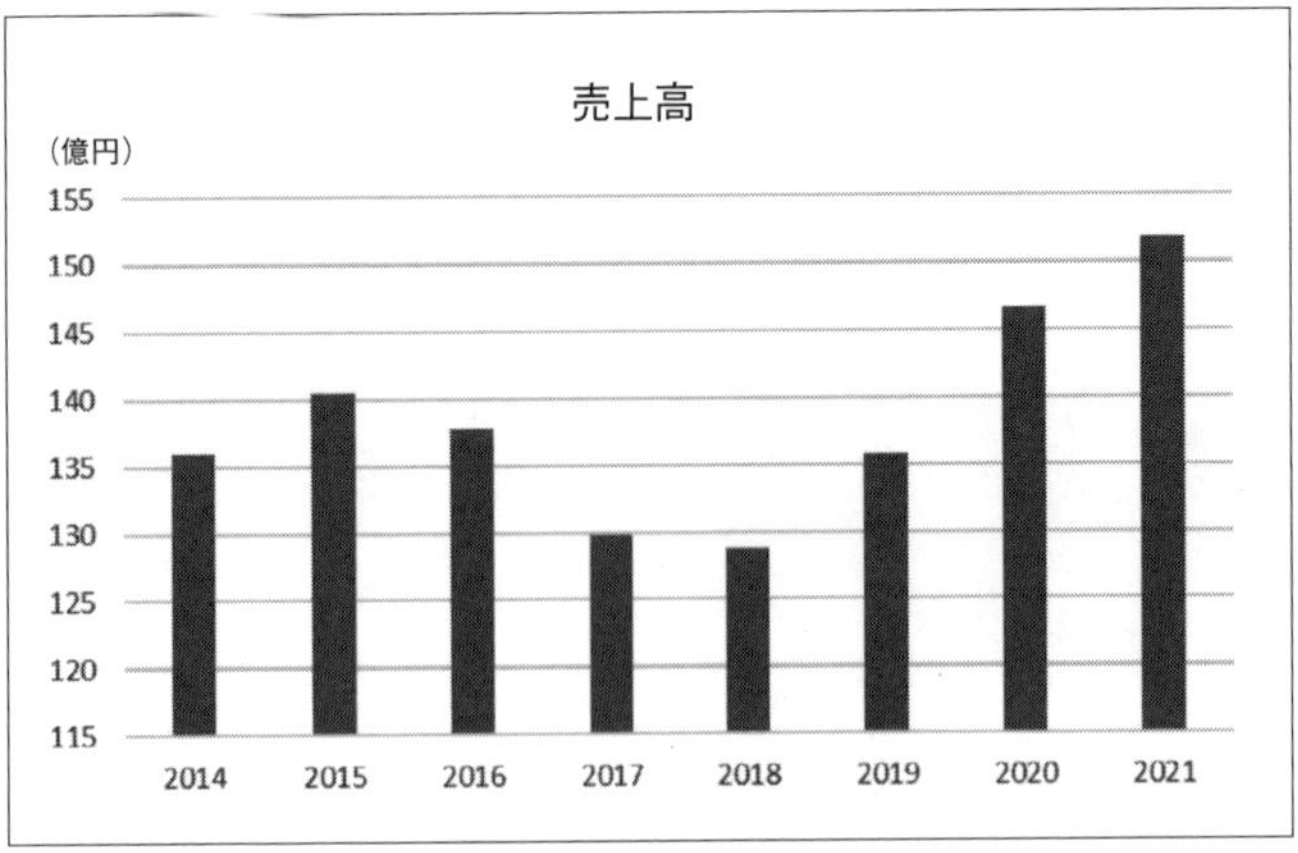

**図－1　売上高の推移**

そんな危機感を持って経営を引き継ぎました」（日下氏。以下同）

現場を見ずに課題は見えないと考える日下氏は、着任早々、工場など現場を見て回った。そこで、在庫が多いことが気になった。

「工場の中を見回ってみると、目視しただけでも感覚的に在庫が過剰だなと思いました。もちろん商品棚に並べて置く在庫は必要ですが、それも普通だったら2ヵ月くらいで回転する。なのにバックヤードで在庫が山をなしていて、これは不健全だと直感しました」

## 小赤字より大赤字で膿を出し切る

人も工場も減らさないことを自身に誓い、在庫削減と大規模な減損処理という大リストラを敢行した。これにより固定資産額を2017年度末の75・7億円から、2018年度末には44・4億円にまで一気に減らした。特に建物や機械装置の減額率が大きかった。

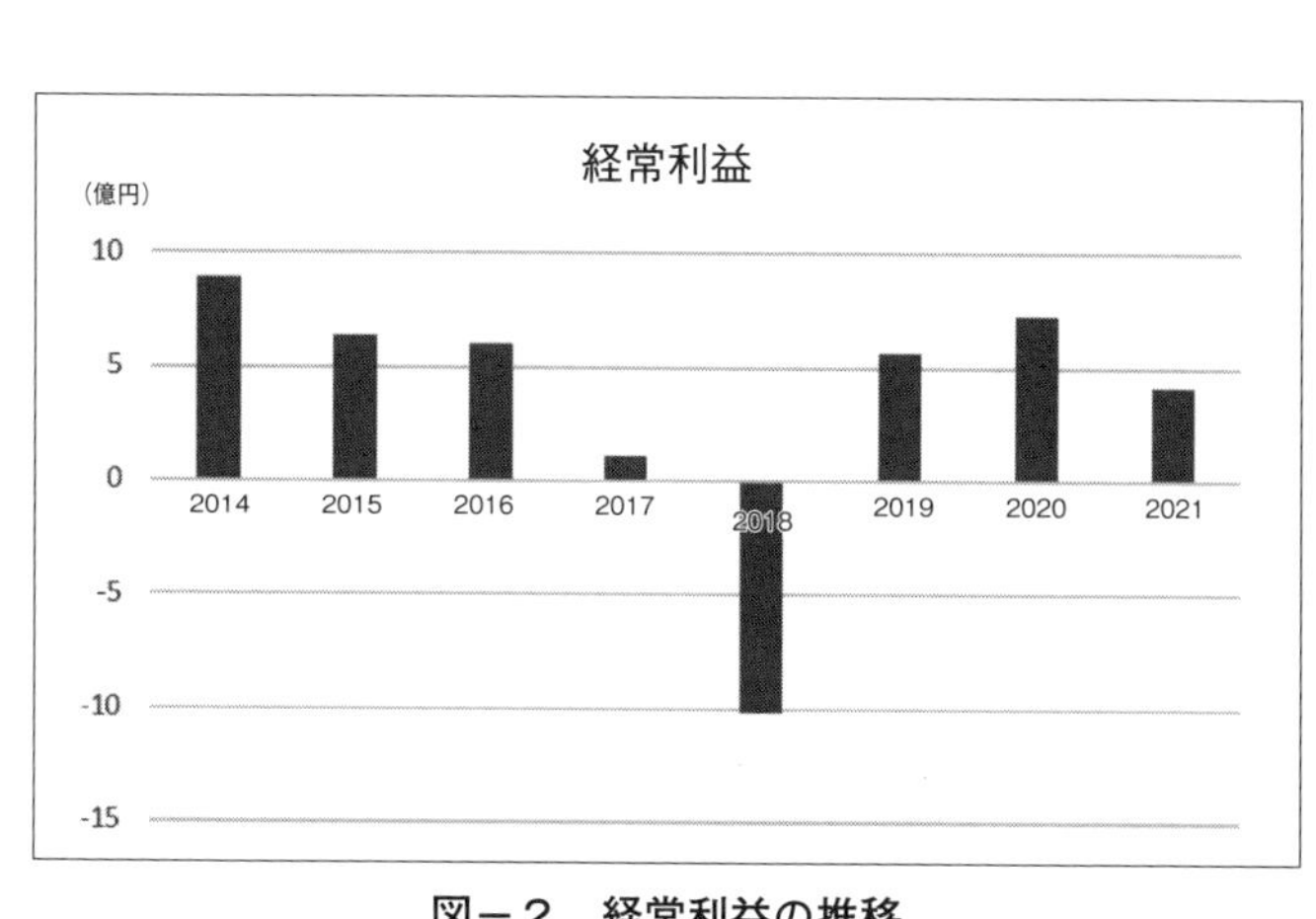


図－2　経常利益の推移

減損処理をすることで資産効率を改善できるとされるが、減損処理をした年度は業績が悪化し、企業評価が暴落するリスクがあると言われる。しかして同社の業績はボロボロになった。2017年度末にかろうじて経常利益で1億円の黒字を確保していたが、2018年度末は10億円の大赤字を計上することとなった。

「在庫処分、生産抑制、一方で減損処理をする。これは相当に痛手で地獄の苦しみでしたが、〝小赤字〟を続けるより、大赤字を出してでも一気に膿を出しきったほうがいい。それに、やれば必ず利益率は上がる。V字回復のシナリオは冷静に計算できていましたから、心を鬼にしてやり切りました」

翌年の2019年度の経常利益は5・7億円の黒字。その後も売上高を含め増加傾向にあり、言葉どおりV字回復を果たした（図Ⅰ-1、2）

日下氏は社長就任の直前、JFEスチールの製鉄所で所長を務めていた。製鉄所には社員、協力会社合わせて8500人が働いており、その家族を合わせて3万人ほどを養っていることになる。道路や鉄道があれば、パトカーも走るし、病院もある小さな町のようなものだという。そのトップということは、町長みたいなもの。製品をどうするかという個別最適ではなく、町全体をどうするかという全体最適を見る視野が身についていた。

モノづくり会社は製品が良ければ良いと考えがちだが、それだけでは経営が行き詰まったり、経営改善が遅れやすい。本連載に登壇いただいた株式会社ベルテクスコーポレーションの土屋明秀社長がそう言っていたことを思い出す。日下氏もまた、製品からの視点だけではなく、より広い視点で現状に向き合い、大リストラを敢行できた。前職での経験が生きた。

## メーカーがAI診断を始めたクレイジー！

在庫削減や減損処理は、大事ではあるが原状回復のための守りの戦略にすぎない。モノの需要が潤沢であれば同社のようなメーカーはそれで乗り切れるかもしれないが、上下水道整備の時代が終焉を迎えつつある今、旧態依然として鋳鉄管を作って売るだけでは生き残ることは難しい。とすれば、攻めの戦略も必要だ。

日下氏が攻めの一手として選んだのは、意外にもモノづくりではなく、上下水道管路のＡＩ診断だった。

「上下水道管路の更新の手順を整理して、全体を俯瞰してみたんです。診断、更新計画、発注、工事施工、工事結果の確認、事業体への施工完了報告……。この業務の一周のどこかに、お客様が困っていること、つまり喜ぶことが必ずある。一方で、社会的には料金収入の減少やベテラン職員の減少、暗黙知の消失などの課題がある。両者を掛け合わせたとき、どこが悪いかを見つける診断は、事業体に喜んでもらえそうだとひらめきました」

この時の全体俯瞰もまた、前職で身につけた全体最適の視点に通じるものがある。そして組んだ相手がまた面白い。あのフラクタだ。

フラクタはＡＩ機械学習に基づく水道管等のインフラ劣化予測のソフトウェア開発を手掛けるスタートアップで、アメリカ・カリフォルニア州に拠点を置く。ＣＥＯの加藤崇氏はグーグルとスタンフォードが認めた男として、また、その自伝「クレイジーで行こう！」でも知られる。メーカーではない道の選択、そして老舗とスタートアップの組み合わせ。日下氏も結構なクレイジーだ！

「業界3番手の当社は新商品を開発することもなく、規格品を規格どおりに作っていれば売れていました。それって金魚のフンみたいで面白くないし、モノを作れば売れる時代が未来永劫続くはずもない。20代の新入社員が安心して働ける会社にするには、当社ならではの存在意義を発揮すること。大企業にはできない新しい商品を見つけるしかありません。

そこで考えたんです。商品ってなんだろうと。形のあるプロダクトも商品として大切ですが、形がないサービスや仕組みにもお客様が喜ぶことがある。それも商品になるはず。プロダクトとサービスを組み合わせ、お客様が喜ぶ世界を作ろうと思ったんです」

## 視点を変えて生まれた初の自社開発商品

顧客を喜ばす視点を持つことで、メーカーとして初となる自社開発プロダクト「オセール」（**写真ー1**）というプロダクトも生まれた。鋳鉄管を立坑内で連結し、地中に押し込んで地下パイプラインを構築するさや管推進工法の施工現場で用いられる部品だ。以前は立坑内で鋳鉄管を連結する部品を装着していたが、作業スペースが狭くて時間がかかり、熟練を要するため作業員の確保が難しい等の課題があった。オセールは作業を地上で行うことで、これら課題を解決する。

「規格品である鋳鉄管では差別化できませんが、鋳鉄管を使った工事を楽にする方法はないか、と発想しました。初の自社開発だったので、開発チームに3名を配属し、少数精鋭で開発しました。川崎市に初めて採用していただき、その見学会で施工がスムーズにいき過ぎて見学会が早く終わってしまったほどでした」

取材中、日下氏は何度も「視点を変える」という言葉を使った。日下氏が実践した、

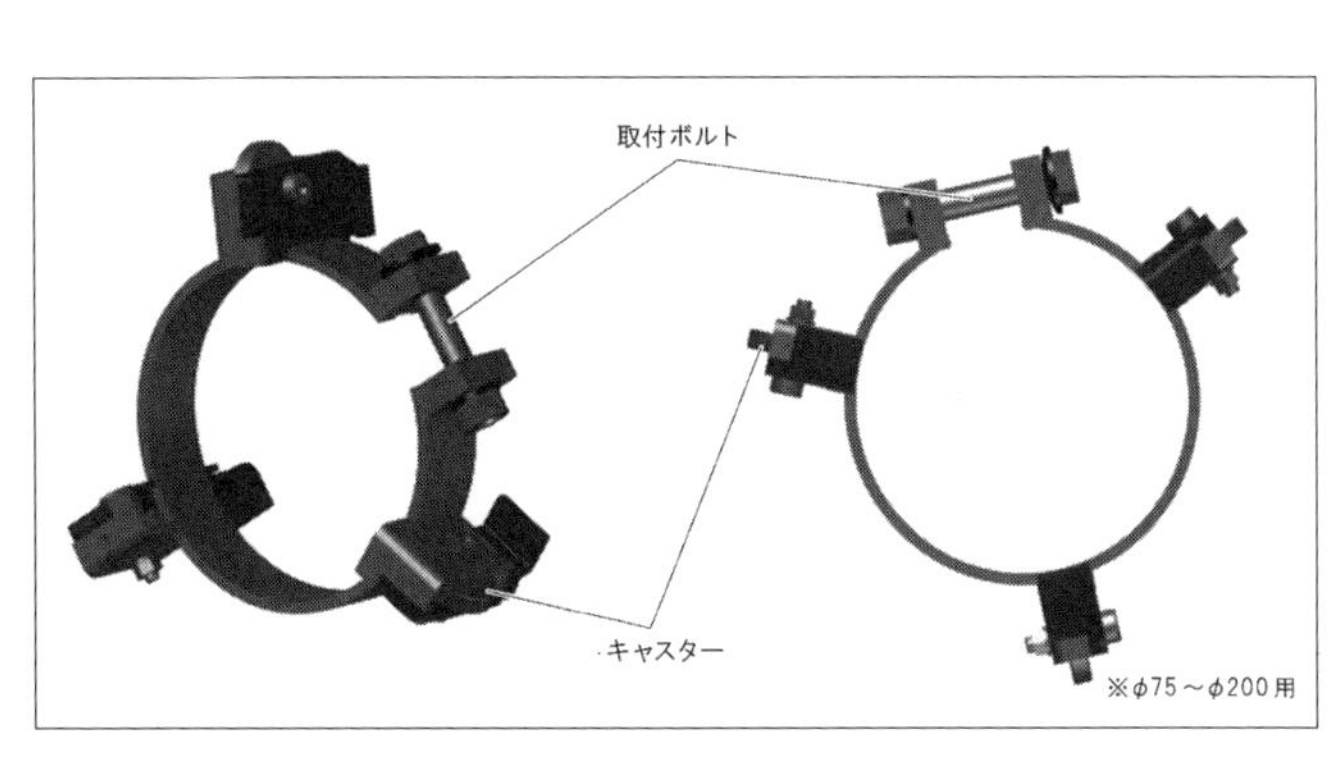


**写真ー1　オセール**

作ったモノを売るプロダクトアウトから、顧客ニーズから商品開発するマーケットインへの転換。そして、モノだけではなく、モノ周辺のサービスや仕組みも商品と捉えること。視点を変えるとは、まさにそういうことだ。

## 市民のメリットを考えた上下水道ビジネス

日下氏は2021年からデザイン経営を掲げている。

「ビジネスのデザインはモノづくりを基本として、社会への貢献のあり方など全部を統合して考え、上下水道ビジネスをアーキテクト（建築）することだと思います」

在庫調整やバランスシート改革、プロダクトとしての商品、サービスや仕組みという商品、顧客視点、市民参加……。日下氏がこれまで取り組んできた要素がすべて建材となり、上下水道ビジネスというアーキテクチャーを築き上げる。そのどこかだけを見ていては、いびつな建築物になるか、そもそも建築物は完成しないということだ。

「上下水道はB to G through C（サービスの提供を受ける市民の目を通して行政とお取引させていただく）のビジネスなので、Cである市民のメリットを考えて、Gである行政に提案しないとビジネスが成り立ちません」

確かにそうだ。かつて、上下水道業界の顧客といえば直接的な発注者である「行政」を指すことが多かったが、最近は市民こそが真の顧客であるととらえ直されつつある。

こうした市民目線は、B to G through Cのデザイン経営の幹を太くする要素とも言える。今後、その幹から枝葉を伸ばし、どのような果実を実らせるのかが楽しみだ。

MX *Management Transformation*

# 経営トランスフォーメーション

⑧

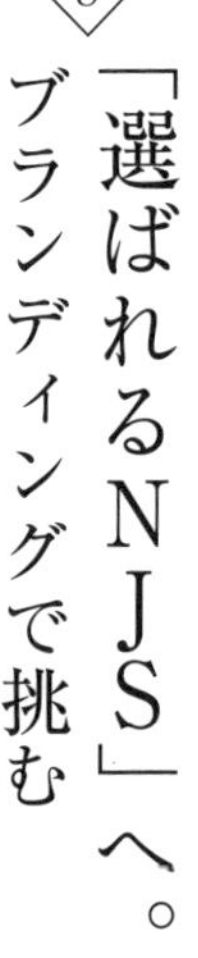

## 「選ばれるＮＪＳ」へ。ブランディングで挑む

**経営トランスフォーマー▽ＮＪＳ　村上雅亮社長**

〈月刊下水道２０２３年２月号掲載〉※２０２４年４月追加取材

２０２２年４月の東京証券取引所の市場再編を受け、上下水道コンサルタント大手の株式会社ＮＪＳはプライム市場を選択した。プライム市場の企業として、投資家など多くのステークホルダーに選ばれる企業となるべく、ブランディングの強化や事業戦略の再構築などを進めている。11月には統合報告書も公表した。村上雅亮社長にプライム企業としての経営トランスフォーメーションを聞いた。

村上雅亮社長

## プライム市場を成長のステップとする

「ＮＪＳはもともと東証一部に上場していましたので、当然のなりゆきとしてプライム市場を選択しました」

プライム市場の選択について聞いたところ、村上社長は開口一番、そう語った。

「プライムの適合基準には一日平均売買高が未達でしたので、適合計画書を提出しクリアしました。売買高を増やすには株価を上げることと取引株数を増やすことが必要です。企業価値を高めて、知名度・注目度を上げていきたいと思います。プライム市場上場をステップとして成長していくことが課題です」

※株価、売買高が上がり、２０２３年からは基準をクリアしている。

２０２２年４月から東京証券取引所の市場再編が行われ、プライム市場、スタンダード市場、グロース市場に整理された。東証一部に上場していたＮＪＳが選んだのはプライム市場だ。

プライム市場の要件は、一定規模の時価総額があり、高いガバナンス水準を備え、持続的な成長と企業価値の向上にコミットする企業とされている。ＮＪＳは基準の高い市場を選択し挑戦していくことを通じて成長していくとしている。

同社は１９５１年の創業以来、赤字を出したことがない。１９９９年に売上高２００億円を超えてピークを迎えたのち、国内の建設投資の縮小とともに減収が続いたが、昨今は拡大基調で２０２１年度は売上高１９３億円にまで回復した。１９９９年に20億円に届かなかった営業利益も27・6億円に増加し営業利益率は14％を超えた（**図ー１**）。

※２０２３年度の売上高は創業以来の最高値となる２２０億円に達した。

## 社会的認知度のアップと企業価値の向上

今回の東証の市場再編では、一部上場企業のなかにはスタンダード市場を選択した会社もあった。村上社長はなぜプライム市場を選択したのだろうか。

「一つは、社会的認知度のアップです。人材確保、事業拡大、株主アピールに有効と考えています」

事業環境が大きく変化するなかで、人材

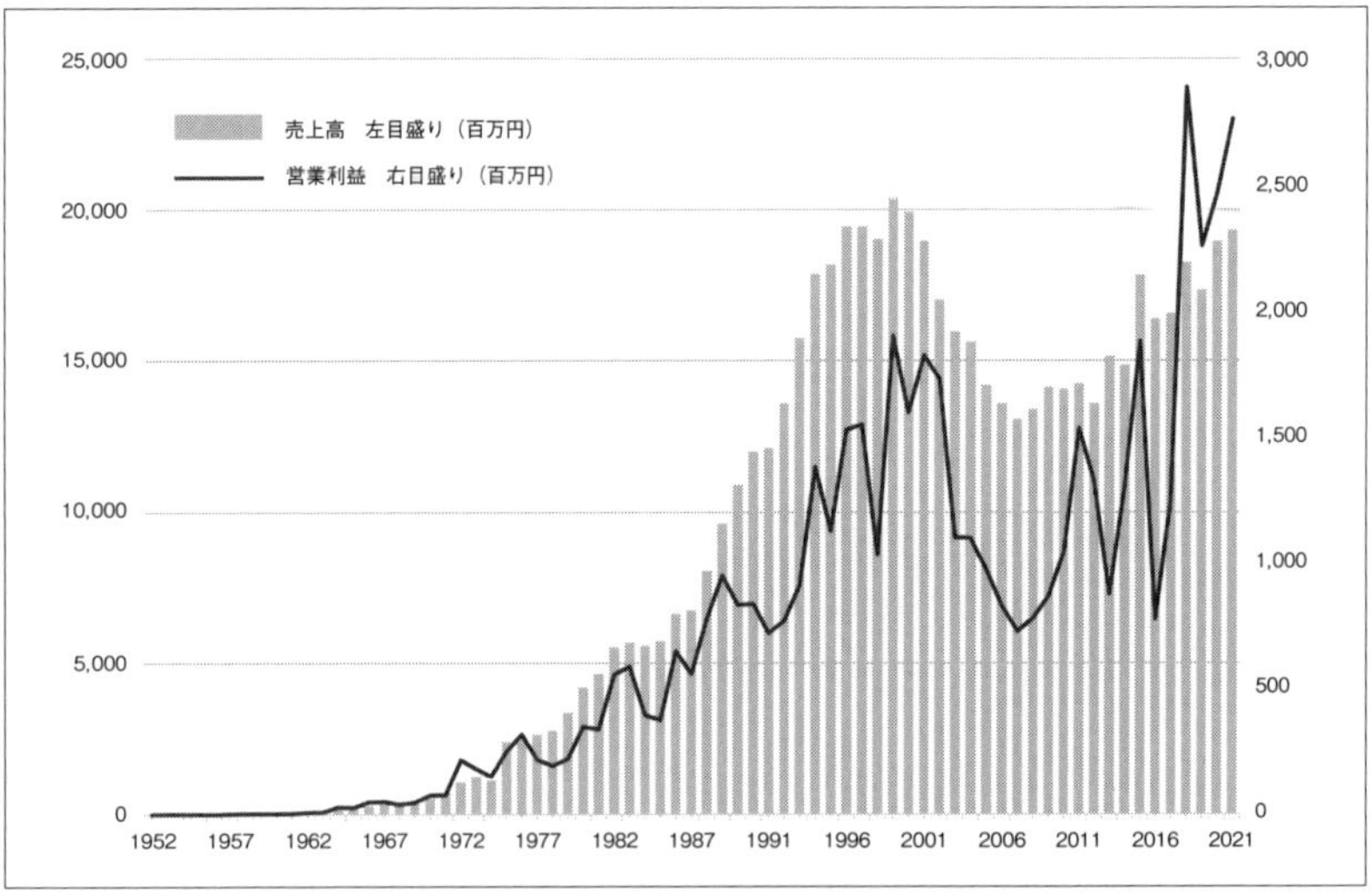

**図ー１　NJSの売上高および営業利益の推移（設立〜）**

の確保・育成は経営の最重要課題となっている。一方、少子化で若手人材の減少や価値観の多様化が進んでいる。人材問題は水インフラ業界全体の課題だ。同社も例外ではない。

「ここ数年リクルート活動を強化しており、応募者数、採用者数ともに増加しています。選考プロセスにおいては、コンサルタント業の普及啓発も兼ねて、企業説明会だけでなく、長期インターンシップ、ワンデイ仕事体験、先輩社員との交流会などを開催しています。会社と人材のミスマッチも減らしたいと思います。

現在、内定辞退率は50％程度です。エントリーシートを５００人くらいから受け取り、１５０人くらいに絞り、60人くらいに内定を出すのですが、入社してくれるのはその半分くらい。多くの学生がほかの会社を選んでいます。辞退の理由としては、やはり水コンサルタントという職業や会社の認知度が低く、企業イメージがわからないことが大きいと思っています」

以前に流行った「人は見た目が９割」という書籍タイトルではないが、やはり会社にとっても印象やイメージ戦略は大切だ。

「プライム市場に上場しているだけで判断されるわけではありませんが、より安定した信頼できる企業として評価され、人材確保にプラスになると考えています」

村上社長は、人材確保以外のプライム市場選択の理由として、経営効率とガバナンスの向上も挙げていた。

「より高い経営マインドをもって持続的に成長できる企業体質と経営体制を作っていきたいと考えます」

それによってビジネスパートナーや投資家に選ばれ、さらに学生や求職者にも選ばれる。同社がプライム市場の先に見据えるのは「選ばれるＮＪＳ」だ。

## ブランディングは社会と問題意識を共有すること

「情報発信と建設的な対話によりＮＪＳのブランド力を高める」

村上社長はそう言い切る。そのために２０２２年度からブランディングに力を入れ始めた。

筆者は20年以上にわたって下水道業界を取材してきたが、この業界でよく聞くのは、目に見えない下水道インフラを知ってもらう戦略として広報が重要だとの声だ。ブランディングという言葉に出会ったことはほとんどない。両者は似ているようで、全く異なる。

ブランディングとは、一般財団法人ブランド・マネージャー認定協会によると「企業が製品・サービスによって提案したいブランド独自の価値『ブランド・アイデンティティ』と、消費者・顧客が心の中に抱く心象『ブランド・イメージ』を近づけ、一致させる活動」

と定義されている。

下水道広報の多くが情報発信活動であるのに対し、ブランディングは企業と顧客、さらには先述した学生や株主、投資家を含むすべてのステークホルダーとの相互理解のための取組みと言える。そして、相互理解のためには、自社が何者であるのかはもちろんのこと、社会から何が求められているのか、社会そのものを理解する必要がある。

つまり、経営のコアを担っている要素とも言える。上下水道を取り巻く環境が変化しているなか、ブランディングこそが会社の底力を上げる軸になると村上社長は言う。

「上下水道コンサルタントの仕事は、これまでの整備中心の時代はＢ to ＧやＢ to Ｂが中心でした。直接的に消費者や市民に対応する仕事ではありませんでしたから、一般市民からの目線は気にしてこなかったところがあります。しっかりした技術を持って誠意ある仕事をすれば、顧客から信頼され、それが会社の信用となり、ＰＲなどしなくても仕事をいただけました。

しかし、環境問題やインフラ老朽化など社会課題への関心が高まり、事業内容も多様化するなかで、これまでのやり方を変え、社会に意識を向けていかないと事業ができない時代になっています。さまざまな問題意識を社会と共有し、企業活動を通じて社会課題に取り組んでいく必要があります。こうした活動を多くのステークホルダーに理解していただくことがコンサルタントのブランディングだと考えています」

## ウェルビーイング経営で社員にも「選ばれるNJS」に

そうして構築された企業イメージは、学生や市民、株主のみならず、社員のモチベーションアップにもつながると村上社長は期待している。ブランディングの対象は社外だけではない。現在の社員からも「選ばれるNJS」となるための取組みでもある。

そのための布石はこれまでに多く打ってきた。70歳定年制度や健康経営など処遇改善の取組みをはじめ、2022年4月には新卒初任給を一律7500円引き上げ、大学院修了者の場合で27万5000円に設定した。

※その後2023年4月に1万円／月の給与増額を実施し、大学院修了者の初任給は28万5000円となった。

さらに今後はウェルビーイング経営の観点で、会社と社員の関係性から見直していくという。

「これまでのように会社が社員を囲い込むのではなく、会社と社員はお互いに選ばれる関係となり、会社に一定期間所属するという意識に変わっていくと思います。社員はいつでも転職や復職ができる状態であり、会社は社員の退職リスクを常に心配することになります。人材をめぐって企業間競争も激しくなると思います。

だからこそ仕事の魅力を高め、働きやすい職場をつくり、社員の成長をサポートしていくことが重要になります。社員の成長が会社成長の原動力となり、会社の成長が社員の成長につながるようにしたいです」

会社と社員の関係性がそのように変化していくなら、社員にとっては挑戦するやりがいが出る一方、会社に頼りきれない不安も出てきそうだ。

「社員には自律的な思考と行動が要求されると思います。そうした意識を持てるような環境を会社は整備していく必要があります。変化していく社会では、新しい発想やアイデアがますます重要になります。自律的な精神を身に付けてもらうことは、顧客に新しいものを提案することにつながると考えます。

そのための環境づくりとして『ウェルビーイング経営』を推進しています。具体的には、職場の心理的安全性を高めること、セルフマネジメント、ダイバーシティ、フリーアドレスを推進することなどです。気分よく仕事ができ、新しいことに挑戦していく風土をつくっていきたいと思います」

## 次世代型インフラマネジメントの展開

ブランディングを単なる標語で終わらせるのでなく、経営に生かし内外に発信するため2022年11月に「NJS統合報告書2022」を公表し、あわせて事業戦略も再構築した。

そこには、コンサルティング、ソフトウェア、インスペクション、オペレーションの事業による「次世代型インフラマネジメント」の創出が表明されている。

統合報告書とは企業の財務情報と非財務情報を統合して報告するもの。グローバル化やデジタル化の進展によりビジネス環境が大きく変化するなかで、知的資本や人的資本などの「非財務」の重要性が高まっており、将来の企業の成長力を示すものとして統合報告書を作成する企業が増えている。2021年の統合報告書作成企業は718社となっている。

統合報告書では、自社のビジネスモデルを定義し、価値創造のプロセスをストーリー性をもって説明することが要求される。

「NJSは、コンサルティングという知的サービスを事業としており、〝非財務〟の領域にこそ実質的な企業価値があります。これを適正に評価し開示していく必要があると判断し、統合報告書を作成することとしました。

コンサルタントの基盤となる知的資本の価値創造については、事業環境について、急激に変化する社会のなかで、気候変動、災害対策、地域づくりなど、多くの社会課題への対応が求められているとして、上下水道事業の効率化を進めるとともに事業の付加価値をさらに高めていく時代であると整理したうえで、NJSは、コンサルティング、ソフトウェア、インスペクション、オペレーションの事業の強化によって『次世代型インフラマネジメント』を創出し、課題に応えていくとしています。

具体的な取組課題は、脱炭素・循環型社会構築の推進、安全で活力ある地域づくり、予防保全による健全なインフラの維持、官民連携による事業の効率化推進の4項目としています。サービスのあり方も、課題解決にコミットして必要な技術やサービスを提供する、ソリューションサービスを創出していくとしています」（図－2）

## 地域が元気になるなら「カフェ」もやる

次世代型インフラマネジメントに掲げられたテーマを見ると、水コンサルタントでありながら「地域活性化」の視点が組み込まれている点が注目される。水インフラの課題が水インフラだけで解決できない時代になり、一方で水イン

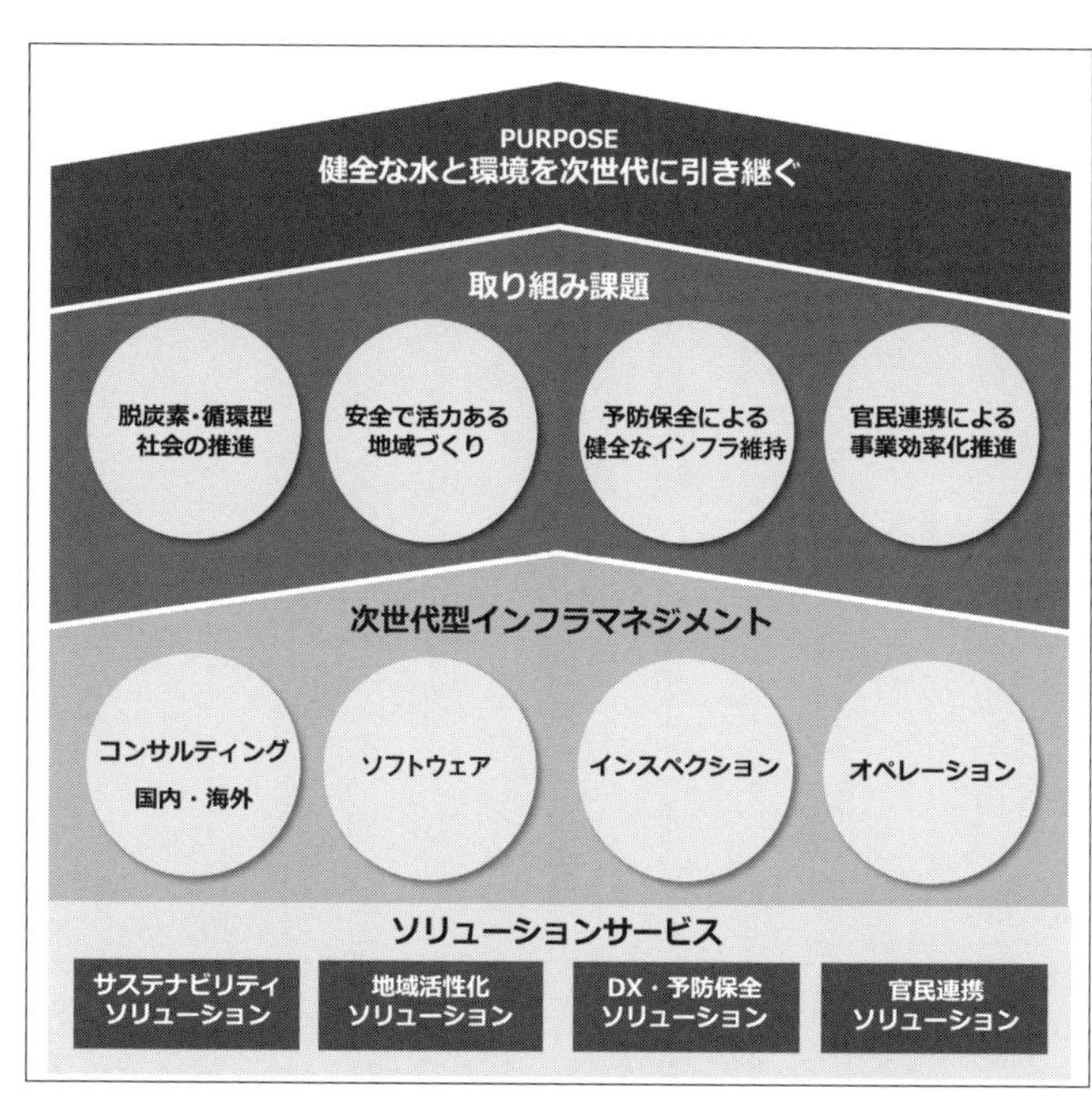


図－2　次世代型インフラマネジメントの展開

フラの課題解決が地域全体の課題解決につながる可能性が見え始めている。同社も水インフラから視野を拡大し始めているのだ。

「上下水道事業が上下水道事業のなかで完結しなくなっています。下水汚泥のエネルギー利用に関心が高まっていますが、その他の地域バイオマスも同時に活用することが重要ですし、災害対策も地域全体で取り組むべきものです。下水疫学は地域を守るための取組みです。上下水道の枠を越え、地域社会を考え、上下水道はどうあるべきか、という発想が必要になっています」

地域全体という発想を求める村上社長の熱い思いが伝わるエピソードがある。2022年4月に設置した地域・エネルギー開発部の名称だ。最初は「地域エネルギー開発部」で地域とエネルギーの間に「・」が無かったそうなのだが、それでは地域エネルギーだけしか扱わない印象になるということで「・」が入った。同部のビジネス領域は、「地域」と「エネルギー」なのだ。

「地域の下水やバイオマスなどを利用し、地域内で資源やエネルギーの自給率を高める。循環経済の形成により自立した産業と雇用が生まれる。地域に人がいてこその上下水道ですから、シャッター商店街や空き家問題を含めて、人が呼び込める地域をどう作っていくか、そこまで踏み込んだ活動をしたい。地域が元気になれば上下水道の利用者が増え、上下水道事業の持続可能性も高まります。カフェなど人が集まる仕掛けやサードプ

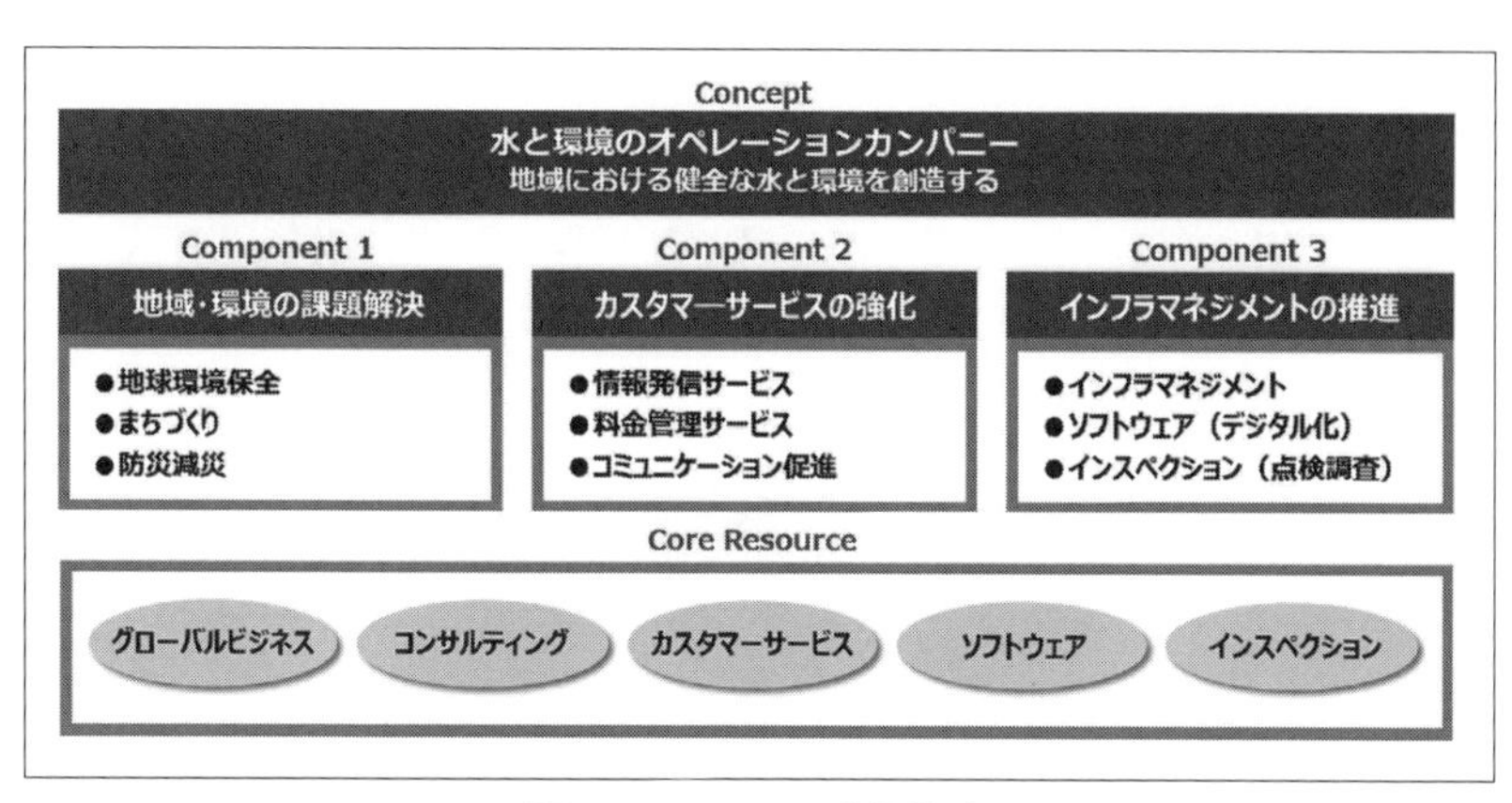


図－３　NJS の成長戦略

レイスの創出も重要だと思っています」

そのために、まちづくりや再開発など異業種からの中途採用も積極的に進めている。

成長戦略Ｒｅｖ２０２４では「水と環境のオペレーションカンパニー」をコンセプトとし、オペレーションの対象を３つのコンポーネント「地域・環境」「カスタマー」「インフラ」として整理し直した（**図－３**）。

## パーパスを実現する道中にプライム市場がある

一方、エネルギー関連でも２０２２年２月、脱炭素マテリアルの事業開発に取り組むコンフロンティア株式会社を設立（日本ヒューム株式会社との合弁会社）。さらに同４月には文献調査の結果をまとめたレポート「下水処理場のエネルギー自立化の状況―海外の事例を中心として」を公開した。

同レポートは同社にとってはエネルギービジネスの種とも言えるものだが、あえて広く公開した。

公開することで脱炭素の取組みを広げ、同レポートのメッセージである「下水道を『汚濁を除去』するシステムから、『資源・エネルギーを回収』するシステムにパラダイムシフトする」ことが、結果として下水道事業の価値を高め、マーケットも拡大していくとの判断がそこにはある。

こうした一連の取組みが連関し合って、ブランディングを構築していくことだろう。

２０２１年に同社は創立70周年を迎え、パーパス「健全な水と環境を次世代に引き継ぐ」を定めた。

「パーパスはブランディングの上位にあるコンセプトで、ＮＪＳの存在意義そのものです。フレーズを整えるだけではなく、経営全体に浸透させていかなければなりません」

パーパスを実現する。そのためのブランディングであり、プライム市場上場もその道中にある一つの経過地点にすぎない。

# 経営トランスフォーメーション

Management Transformation

⑨

## デザインと標準化で水インフラの〝家電化〟に挑む

**経営トランスフォーマー▽ＷＯＴＡ　前田瑶介代表取締役兼ＣＥＯ**

〈月刊下水道２０２３年４月号掲載〉

東大発のベンチャー、大手企業や水道関連事業者からの出資や業務提携、白いおしゃれなデザインの水循環型手洗いスタンド「ＷＯＳＨ」、そして英国王室が創設した環境賞「アースショット賞」において「ウィリアム王子特別賞」を受賞……。

この会社を説明する出来事は枚挙にいとまがない。そして、それらすべてが従来の排水処理とその業界の常識に当てはまらない、いや当てはめられない魅力を放つ。それがＷＯＴＡ株式

前田瑶介代表取締役兼 CEO

会社だ。前田瑶介代表取締役兼CEOの経営トランスフォーメーションに迫る。

### 排水処理装置のイメージを裏切る「おしゃれさ」

WOTAには今現在、2つのプロダクトがある。

1つは水循環型手洗いスタンド「WOSH」（**写真－1**）。手洗いをした後の排水は複数のフィルターによる膜処理や、塩素や深紫外線で殺菌処理することで、再び手洗い用の水として利用される。そのための機構が、真っ白いドラム缶の中に収納されており、洗面台の周りをぐるっと囲む光のリングで、正しい手洗いとしてWHO（世界保健機関）で推奨される30秒間のカウントもしてくれる。軟水のため洗い心地は優しく、手洗い中にスマートフォンを紫外線殺菌できる機能もついている（**写真－2**）。

もう1つはポータブル水再生システム「WOTA

写真－1　水循環型手洗いスタンド「WOSH」

写真－2　水循環型手洗いスタンド「WOSH」での手洗いの様子

ＢＯＸ」（**写真－３**）。シャワーキットなどのオプションユニットと接続することで、水道管に依存することなく水を使うことができる。例えば、避難所をはじめとする災害現場において「ＷＯＴＡ　ＢＯＸ」１台と１００ℓの水、電気があれば、約１００人分のシャワーを提供することができる。

初めてこれらプロダクトを見た時、そのコンパクトさもさることながら、デザイン性の高さに驚いた。「排水処理装置」という言葉から想起するイメージが、これほどかというくらい裏切られた。とにかくおしゃれだ。

そして、２つの思いが浮かんだ。

１つ目は、デザインがＷＯＴＡの経営トランスフォーメーションの核なのだろうということ。

２つ目は、これらプロダクトが家電に近いということだ。

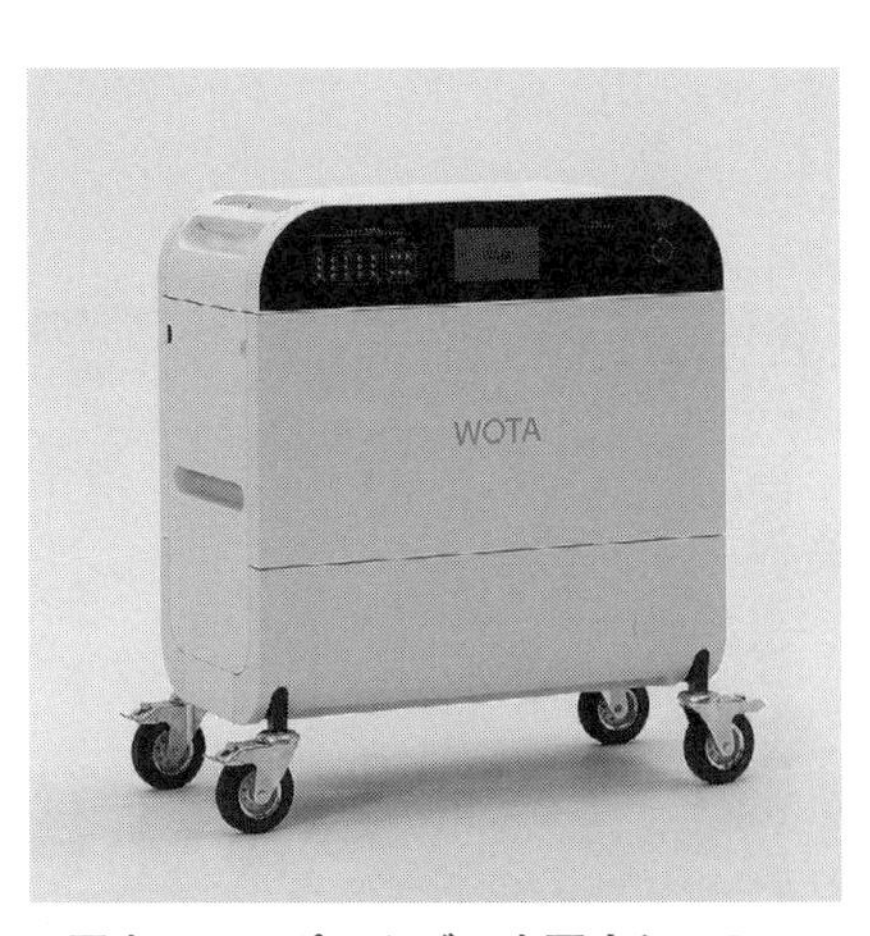


写真－３　ポータブル水再生システム「WOTA BOX」

## 専門知識がなくても運転管理できる水インフラ

「ＷＯＳＨ」も「ＷＯＴＡ ＢＯＸ」も水循環の方法はほとんど同じで、回収した排水を膜処理した後、塩素消毒や紫外線殺菌を施して再び手洗いやシャワーの水として用いている。

こうした処理技術を採用している浄水場や下水処理場もある。そこでは専門の技術者が運転管理しており、膜に汚れが蓄積した時には洗浄（逆洗という）や交換をしたり、浄水場ではその日の水質に応じて消毒用の塩素の添加量の調整などを行っている。

もちろん「ＷＯＳＨ」にも「ＷＯＴＡ ＢＯＸ」にも、同様の運転管理は必要だ。「ＷＯＳＨ」なら手洗い用の洗剤も補充しなければならないが、設置されているのはカフェの店頭や避難所など。そこに専門技術者がいるは

写真－4 「WOSH」内部

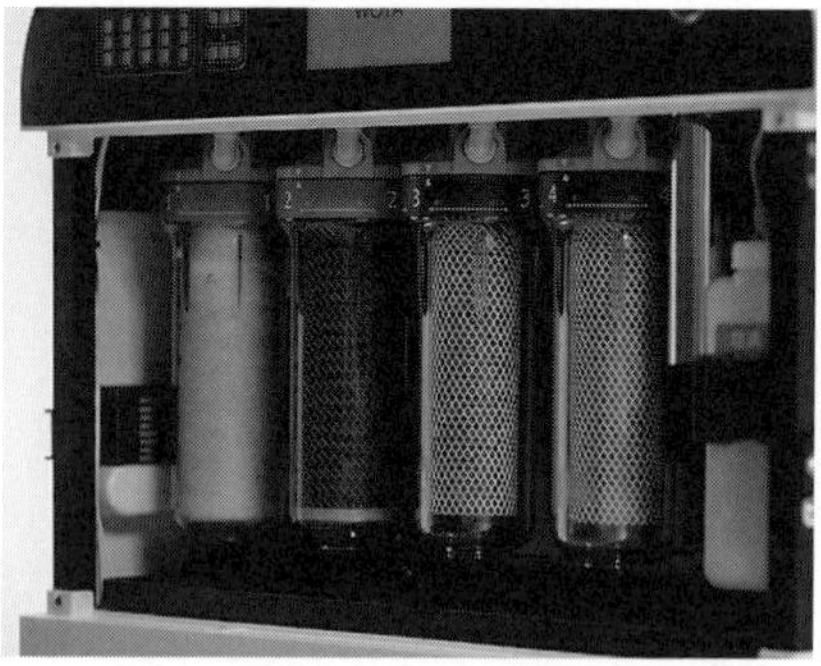

写真－5 「WOTA BOX」内部

ずもない。では、どうするか。

「WOSH」「WOTA BOX」の内部を見ると、その答えがわかる。膜やタンクがあり、配線が整然と張り巡らされており、その部分は素人には手出しできない感じがするが、操作盤はいたってシンプルだ（**写真−4、5**）。

例えば塩素がなくなってきたら「塩素補充」のランプが点灯する。文字に添えられたピクトグラムがユーザーのやるべきことをわかりやすく伝えてくれるようにできている（**写真−6**）。

これなら排水処理や機械の知識がない筆者でも、直感的に操作でき、直感的にメンテナンスができそうだ。カフェのアルバイトの店員さんでも可能だろう。

これって、何だろう。どこかに同じようなものがある。内部の構造や機構は良くわからないけど、使えるもの……。

例えば、テレビ。テレビがなぜ映るのかを技術的に説明はできないが、テレビを見る

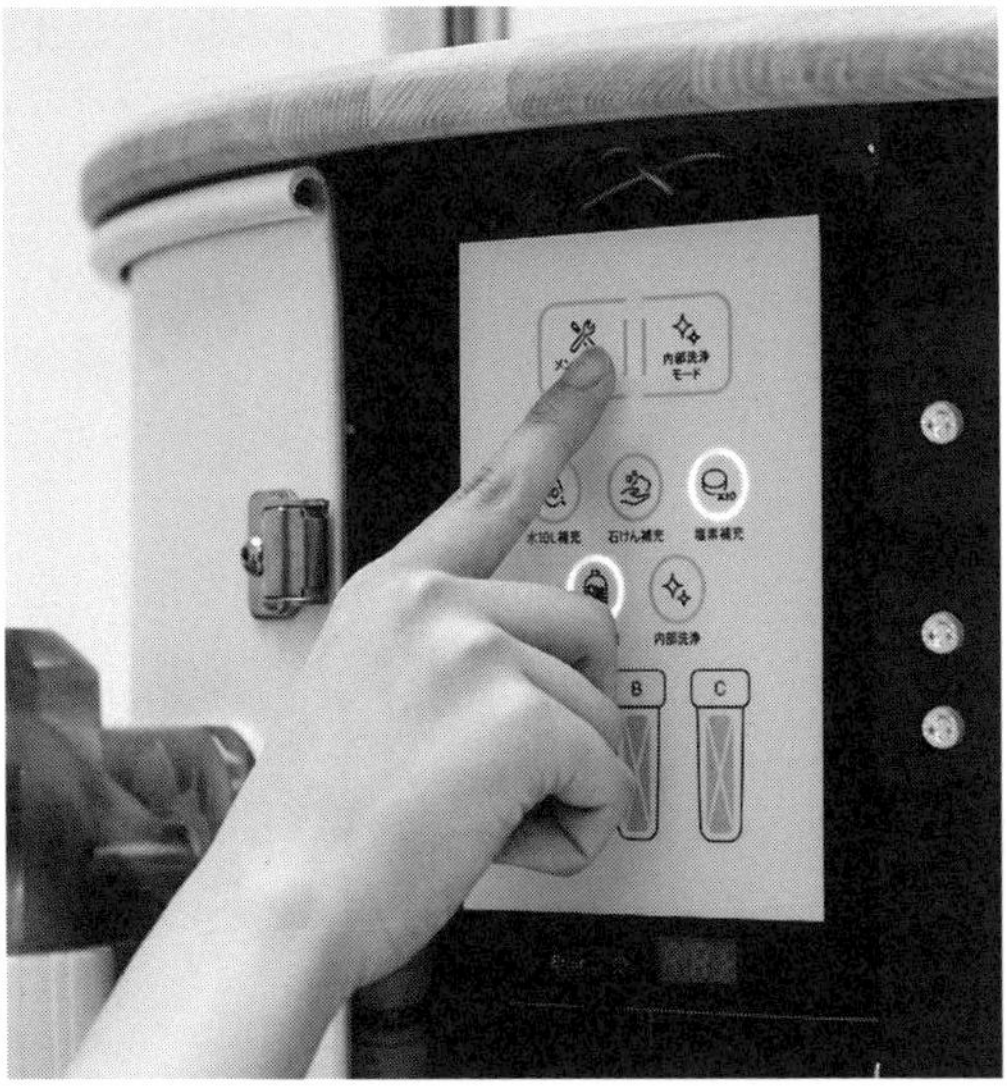

**写真−6　「WOSH」の操作盤**

ことはできる。チャンネルも変えられる。その感覚に似ている。冷蔵庫やエアコンも然り。そこまで思い至って「なるほど、これは家電なんだ」と腹落ちした。

家電であれば、故障時は別にして、専門技術者がいなくても平常時は使える。家電だから、専門技術者がいなくても、排水処理と浄水処理ができてしまう。それがWOTAの描く未来の水インフラなのだと得心した。

## いつでも、どこでも、誰でも使えるインフラに

家電化されたWOTAの水処理システムは、ある意味、プラントエンジニアリングとして建設されてきた従来の下水処理場や浄水場のあり方の対極にある。

プラントエンジニアリングでは、1ヵ所ずつそれぞれ異なる仕様で作られる。A処理場の仕様をB処理場に当てはめることはできないし、運転管理の方法も異なる。だから、ノウハウを共有することも難しい。

一方、家電は標準化、共通化の塊だ。コンセントを差しさえすれば、いつでも、どこでも、誰でも、同じ機能を享受できる。

標準化は、前田CEOが重視するポイントである。

「かつて実施された海外ODAの現場を訪問し、日本人技術者が帰国した後に使われなくなった水インフラを目の当たりにしました。現地の方だけで運用するのが難しかっ

たのでしょう。

それなのに、エアコンや車など、海外でも長く使われている日本製品もある。同じように水インフラも長く使い続けてもらう、そのヒントは製造業にあると直感しました。水インフラの国内事業は縮小傾向にあり、海外に機会を見出す時期でもあると考えています。製造業の視点で標準化することで、誰でも同じように使えるインフラにしたいと考えています」（前田代表取締役兼ＣＥＯ。以下同）

## 水インフラ産業の構造を改革するデザインの力

自動車業界では今、産業構造が大きく変革されつつある。その一つがエンジン自動車から電気自動車への置き換わりだ。実現すれば使用部品は変わり、サプライチェーンのあり方も変わり、産業構造そのものの大変革が起きる。

ＷＯＴＡが描くように水インフラがプラントエンジニアリングから家電化すれば、自動車業界と同じように水インフラの産業構造そのものを大変革させるだけのインパクトをもたらすだろう。

もちろんその未来を実現するのは容易ではない。まずは、多くのユーザーからの共感を獲得する必要がある。だからこそＷＯＴＡはデザインを重視する。

「家電を買う時はパッと見て、使いにくそうなら買うのをためらいますよね。ですから見た目の美しさやかっこよさは大切ですが、それだけではなく、わかりやすさや親しみやすさも含めたユーザーエクスペリエンス全体、さらには当社の描く社会の仕組みを受け入れてくれる社会の体験まで広げたデザイン性を大切にしています」

このデザイン性が、WOTAの経営トランスフォーメーションの核の一つだ。ただし、トランスフォームするのはこれまでの連載のように自社の経営ではなく、水インフラ産業の構造と言えば壮大に過ぎるだろうか。

## ユーザーの近くでニーズを把握する

自動車業界では産業の構造改革と同時に、「売り物」の変革も起きている。MaaS（Mobility as a Service）と言われるように、自動車というモノではなく、自動車を移動の手段として体験やサービスなどコトが「売り物」になる時代が幕を開けている。

翻って水インフラは国内では整備がほぼ終わり、これまでのように下水処理場などのモノが飛ぶように売れる時代ではない。したがって、自動車業界と同じようにコト売り、サービス化を志向すべきである。家電的な水インフラ像は、そのあり方とオーバーラップするところが多い。

プラントエンジニアリング的な従来の水インフラと、家電的なWOTAの水インフラには、前述した以外にも対極的な要素がある。

前者は水処理が行われている現場とエンドユーザーとの距離が遠く、直接エンドユーザーからのフィードバックを得ることが難しい構造にある。これに対し、後者はエンドユーザーのすぐ側で水処理が行われているためユーザーからのフィードバック・ニーズを把握しやすい。

サービス化が求められる今後の水インフラ業界において、WOTAのようにサービスの受け手であるエンドユーザーのニーズを把握しやすい位置にいることが強い切り札になることは間違いない。

とはいえ課題も多い。その一つが排水処理に用いる膜の再利用に課題があることだ。水を再利用するプロダクトなら、膜もワンユースではないことが望まれるが、膜によっては再利用にコストがかかるものもある。この点については現在さらなる研究開発を進めているとのことだ。

また、2023年から東京都利島村や愛媛県の複数自治体で、住宅向けの小規模分散型水循環システムの実証事業が進んでいる。これらは水道財政の改善につながることが期待されており、日常給水においても、どのような水循環のある暮らしのデザインが描かれるのか楽しみである。

# 経営トランスフォーメーション

*Management Transformation*

MX

## 「安全重視」で管路調査の産業構造を大変革

⑩

経営トランスフォーマー▽フジ地中情報　深澤貴代表取締役社長（現・代表取締役会長）

〈月刊下水道２０２３年６月号掲載〉

２０２２年に創立50周年を迎えたフジ地中情報株式会社は、上水道の管網調査や維持管理でトップランナーとしての存在感を示し続けてきた。自社の経験と人材、そしてヴェオリアグループに名を連ねてからはヴェオリアグループの技術とノウハウも最大限に生かすため、２０２２年から下水道分野に進出した。一般的に、下水道管路では管径８００㎜以上の場合に人が入って調査することがあり、人身事故も起きている。

深澤代表取締役が手に持っているのが管路スクリーニング調査用ドローン「アルキメデス」

「下水道分野に進出するからには、従業員の安全を確実に担保したい」。深澤貴代表取締役の熱い思いが、管路調査のビジネスモデルそのものをトランスフォーメーションしつつある。

## 肝は「今までにない」

日本国内には2021年度末時点で約49万㎞もの下水道管路が張り巡らされている。そのうち標準的な耐用年数である50年を経過した管路が全体の6％、管路延長にして3万㎞ほど。他のインフラと同様、下水道管路も老朽化の危機が叫ばれている。その割に少ないと感じる数字かもしれないが、10年後にはその3倍に一気に増加すると試算されており、今のうちから打てる対策は打っていく必要がある。

下水道管路の老朽化や劣化がもたらす事象には、例えば破損箇所から地下水が流入して処理水量（＝処理コスト）が増えたり、根が管内にはびこって汚水の流れを止めてしまったり、破損箇所から周辺の土砂が入り込んで地中に空洞が形成されたりすることがあり、最悪の場合は道路が陥没することもある。最悪の事態を回避するために、こうした事象の有無を把握するのが管内調査である。

管内調査には大きく分けて2つある。1つは「詳細調査」と呼ばれるもので、高精度のTVカメラで撮影した画像や映像、管路形状や傾斜などのデータをもとに破損・劣化箇所をその名のとおり詳細に調べ、適切な修繕・改築計画に生かす。ただし、時間とコストがかかるため、すべての管路を詳細に調査することは現実的ではない。

そこで、詳細調査すべき箇所を絞り込むために行われるのが、スクリーニング調査（簡易調査）と呼ばれる点検手法である。

スクリーニング調査にも大きく2つの種類があり、1つは管路内面の画像を連続撮影する簡易カメラ調査、もう1つはマンホールから管内を撮影する管口カメラ調査である。

詳細調査のTVカメラ、スクリーニング調査の簡易カメラと管口カメラ。これら3種類の調査技術を、深澤代表取締役の話をもとに精度とコストの2軸で4象限化したものが**図－1**である。これが管路調査ビジネスの現状を示しているとも言える。

スクリーニング調査用の機器のう

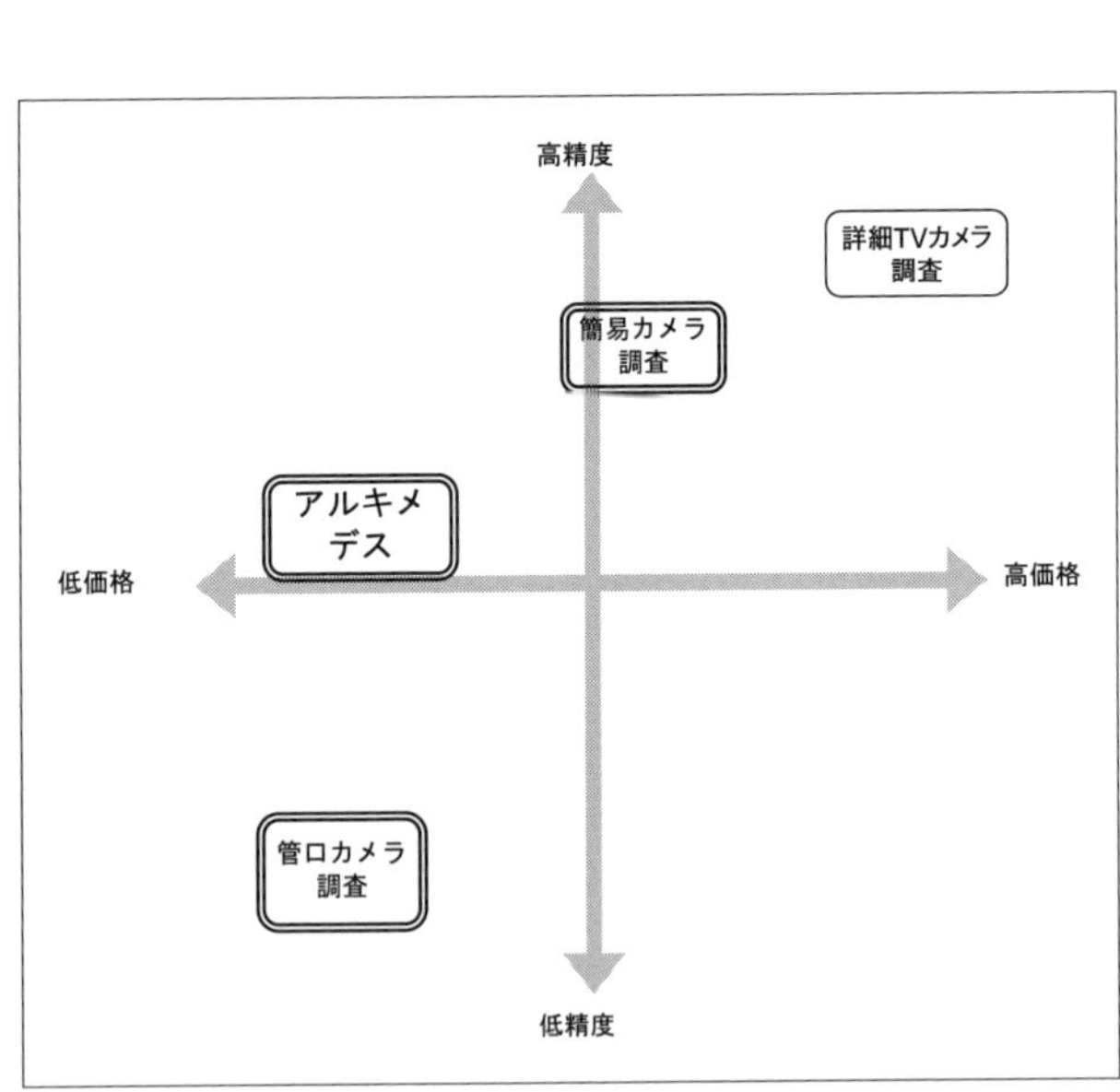


**図－1　管路調査手法の４象限分析**
**（二重線で囲った３つがスクリーニング調査）**

ち、簡易カメラは精度が高いがコストも高い。管口カメラは精度もコストも低い。この2つのどちらでもない領域に登場したのが同社が新開発したスクリーニング調査用ドローン「アルキメデス」だ。

## 「低スペック」というありえない発想

**図I-1**を見ておわかりいただけるように、「アルキメデス」はTVカメラや簡易カメラと比べると精度が低く、いわば「低スペック」の領域に該当する。果たして管路調査において低スペックを狙うのはアリなのか。

「それでいいんです」

そう深澤代表取締役は断言する。

スクリーニング調査を含め管路調査に用いられるカメラは技術の進歩に伴って高解像度化し、静止画のみならず動画や4Kの利用も進んでいる。筆者はそのほうが劣化を見逃さないから良いと考えていたのだが、アルキメデスに搭載されているカメラは静止画撮影のみで、解像度はスマホより低い500万画素しかない。ちなみにiPhone14は1200万画素で、その半分以下だから確かに「低スペック」なのだ。

そのカメラで50㎝くらいに1回ずつ管内の静止画を撮影し、それらをつなぎ合わせて1本の管内画像にして管路状況を確認する。いわずもがな動画なら連続画像であるから、解像度のみならず、画像の情報量も少ない。やはり、どう考えても疑問が残る。本当にこれできちんとしたスクリーニング調査ができるのだろうか。

「それでいいんです」

またまた深澤代表取締役は断言する。

「必要なら後から詳細調査を行いますから、スクリーニング調査が高解像度である必要はありません。また動画を撮影しても、破損しているか怪しい箇所は動画を一旦停止して確認します。それって静止画ですよね。つまり管内を網羅的に撮影できているのであれば、静止画でいいんです。それにデータ容量が大きくなればなるほど、データを解析するための時間とコストも必要ですし、データの保存も大変になります」

スクリーニング調査といいながら、簡易カメラ調査は高精度すぎて、性能も価格も詳細なＴＶカメラ調査に近づいているのが現状のようだ。一方の管口カメラ調査は安価だがマンホールからしか撮影できないため、管路全体を把握できない。アルキメデスのウリは、低スペックと言いながらも必要十分なスペックを備えているということだ。

## 調査目的はクラック発見ではなく「管路の健康診断」

深澤代表取締役が「低スペックでいい」と言い切るのは、それでスクリーニング調査の目的を果たせると自信を持っているからである。

では、スクリーニング調査の目的とは何か。かつての筆者なら、劣化を見つけることと答えただろう。しかし、その答えは深澤代表取締役に一蹴された。

「人間の健康診断に置き換えるとわかりやすいと思います。まずは簡易的な検査をして、悪いところが見つかっても、すべて精密検査したり手術などの処置をするのではなく、わずかな異常であれば経過観察という選択肢がありますよね。

スクリーニング調査は、管路が健康かどうか、その確認が目的です。軽微なクラックが入っていても、地下水位が低く地山がしっかりしていれば道路陥没が起こる危険性は低く、まだまだ健康な管路であると判断できます。軽微なクラックをすべて見つけるには高解像度で高性能のカメラが必要ですが、健康かどうかの確認にはそこまでの性能を必要としないのです」

下水道管路のスクリーニング調査ではこれまで、悪いところには精密検査や処置が施されてきたが、同社はそこに「経過観察」という新たな選択肢を加えた。

無為なほったらかしと、科学的根拠に基づいた健康診断の結果としての経過観察とはまったく意味が異なる。下水道管路を管理するのは自治体だ。財政がひっ迫する自治体にとって、見つかったクラックや劣化箇所すべてに対処することはコスト的に難しく、「経過観察」というコスト抑制できる新たな選択肢は好意的に受け入れられている。国内では半年前から営業を開始したばかりだが、実証を含めすでに17自治体で調査を実施し、5自治体から6契約を取り付けた。

**誰でも安全に、高効率な調査が可能**

アルキメデスは、スクリューのついた前後2本ずつの筒を、スクリューが反対方向に回転するように接続した形状をしており（**写真−1**）、管路内壁をスクリューで押しながら前後方に進む。自律自走できるため、人の操作が不要なことが従来の調査手法と大きく異なる。

作業員がスイッチオンして地上からマンホール内に設置すれば、アルキメデスは勝手に画像を撮影しながら進み、ゴールポイントの合図となるマグネット式スイッチを置いておいた別のマンホールに到達したら自動停止し、作業員がそれを回収する。作業員がやることはスイッチオンとマンホールへの出し入

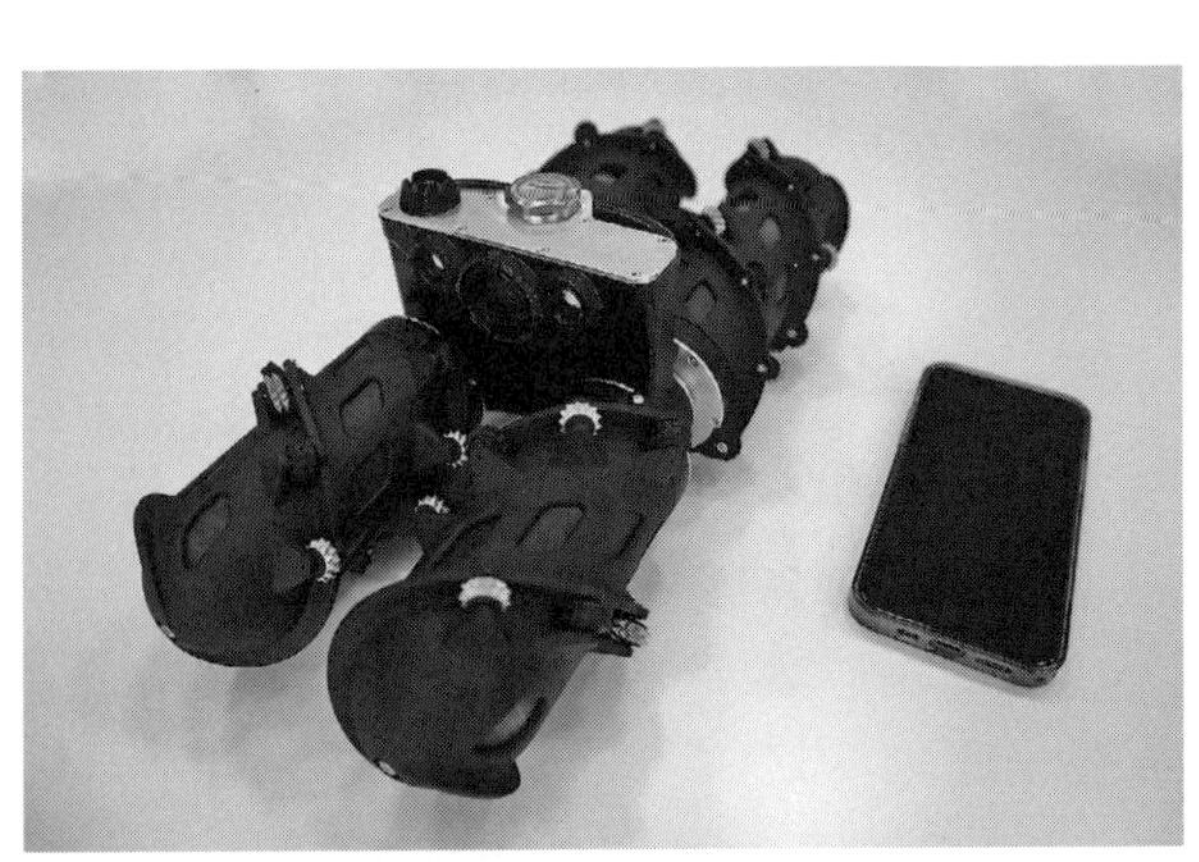

**写真−1　管路スクリーニング調査用ドローン「アルキメデス」。アルキメデスの原理を応用したことと、「歩きながら目で見るんです」の２つの意味から名付けられた**

れのみ。管路内に作業員が入る必要がない。ここが深澤代表取締役のこだわったポイントだ。

「下水道分野への参入ハードルは決して低くはありませんでした。その1つが管路内に入るという危険が伴う作業が必要だったことです。経営者として最も大切な従業員の安全衛生を確保できるのか。そう思案していた時に、ヴェオリアのフランス本社が開発したこの技術を知り、これならやれると直感しました」

性別を問わず誰にでもできる点も評価のポイントとなった。ヴェオリア・ジャパングループのダイバーシティ推進委員会のリーダーも務める深澤代表取締役らしい視点である。

また、2人組で複数台同時調査ができ、1日の調査延長は最低でも約1600m。従来の詳細調査では5～6人で約300mとのことなので、1人あたりの生産性は16倍近くにも向上できるという。適用口径は200㎜と250㎜で、それら中小口径管路を多く採用する中小自治体が多いことも日本というフィールドにはあっている。

管内に根が侵入していたり（**写真－2**）、管路が大きく破損して段差が生じたりして前進できなくなった場合、アルキメデスは逆走して元のマンホールに戻ってくる。前進も後退もできなくなることを心配する自治体もあるそうだが「今までそのような事例はありません。仮にあったとしたらラッキーです。そこに大きな異常があると健康診断で分かったということですから。場合によっては異常を発見次第、即座に処置を実施することで、結果として詳細調査を省くこともでき、さらにコストが削減できます。そう説明すると理解していただけます」

従業員の安全衛生を確保したい。その思いから導入されたアルキメデスだが、それだけにとどまらず、管路調査の操作員を最小限にし、管路調査の目的を劣化の発見から「管路の健康診断」に変革し、さらに管路調査を誰でも行えるものとし、場合によっては詳細調査も不要という。そこからは、管路調査の産業構造の変革まで成し遂げる息吹を感じる。

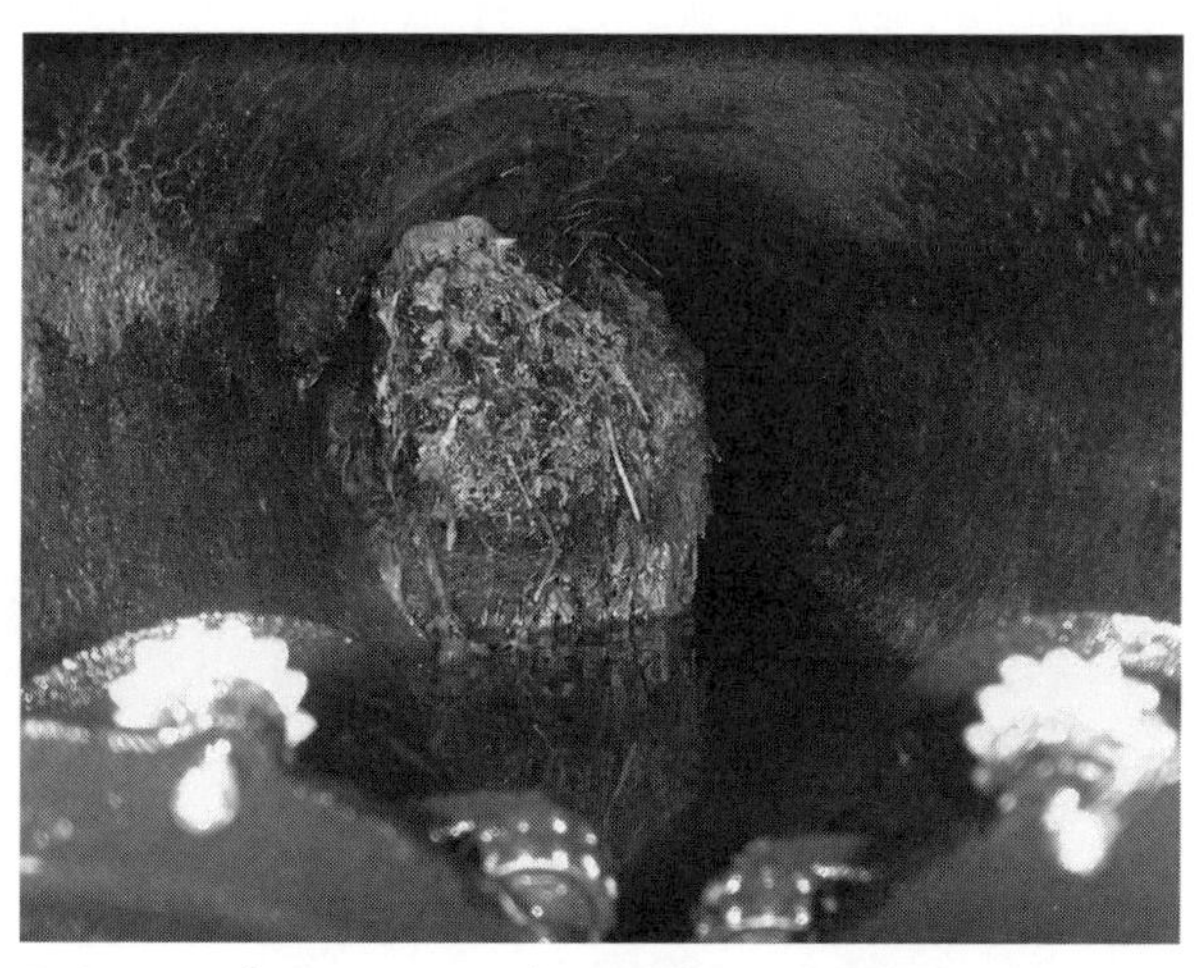

写真−2 「アルキメデス」が撮影した管内画像。低スペックと言いながらも木根が侵入していることが一目瞭然である（写真提供：フジ地中情報）

Management Transformation

# 経営トランスフォーメーション

⑪

## ＥＰＣ依存からの脱却で売上高２０００億円を目指す〝水の巨艦〟

**経営トランスフォーマー▽メタウォーター　山口賢二社長**

〈月刊下水道２０２３年11月号掲載〉

上下水道施設が十分に整備されたことと、来たる人口減少局面をにらみ、水インフラ業界で事業を展開する民間企業の収入源は「ＥＰＣ（設計・調達・建設）」から「運営管理」に変革する。いや、変革しなければ業界の存続はあり得ない。そう考え始めたのは、もう20年ほど前のことだ。それから現在に至るまで変革と言えるほどの変化は見られずに来たのだが、ここ数年でようやく大きなうねりが起こってきたことを感

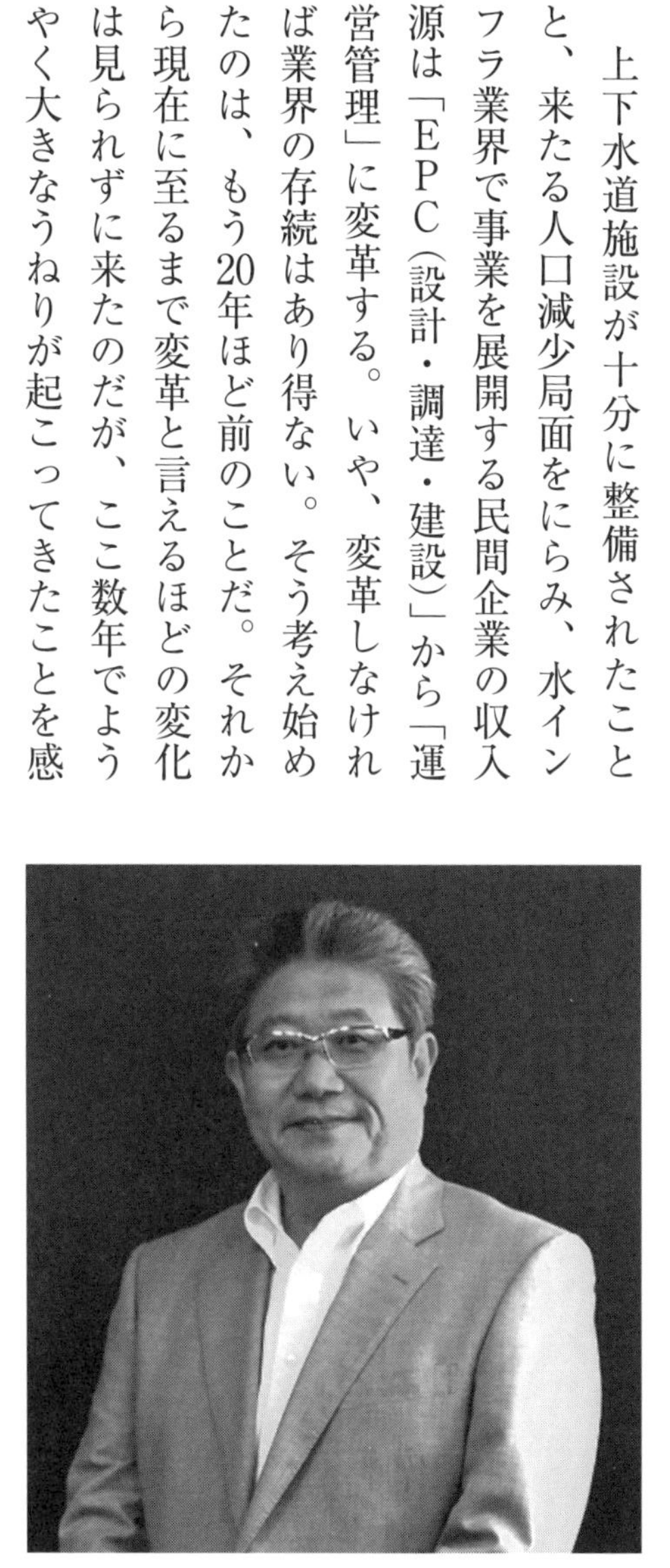

山口賢二社長

じる。変革をけん引する一角は、間違いなくメタウォーター株式会社だ。同社の山口賢二社長に、水インフラビジネス変革への経営トランスフォーメーションを聞いた。

## モノを売って収益を上げられる社会情勢ではない

今からちょうど20年前の2003年に、携帯電話・PHSの普及率が90%を超えた。そのビジネスモデルは、モノを売り切って終わるのではなく、モノを手段としてその周辺サービスで息長く稼ぐ。上下水道のビジネスモデルも携帯電話型に倣って変革したほうが良いと、筆者はこの頃から考えるようになっていた。「EPC」から「運営管理」への変革である。

ちょうど上下水道も整備が進み、これからは既存施設の運営が重要と言われ始めた頃だ。その頃に上下水道のプラントメーカーの子会社であるエンジニアリング会社の社長をインタビューさせていただいた。

当時はまだ、上下水道施設を手段として生み出されたサービスで稼ぐことができるのかは未知数の時代。だからこそ、新領域にどのような考えで挑むのかを聞きたかった。その時の答えがこうだ。

「運営管理で儲ける気はない。利益が出ない安い値段でもいいから運営管理を自治体から受託し、機器・設備の更新時に親会社の商品に入れ替えるところで利益を上げられればいい」

ＥＰＣが主役で、運営管理はおまけ。これでは運営管理の人材は育たないし、上下水道を持続するための全体コストも下がらないし、自社製品にとらわれていれば技術イノベーションも起こらないし、総合的にユーザーのためにならないと、怒る気力もないほどガッカリ、ガックリしたことを覚えている。

あれから約20年が経過し、国内水インフラ業界の大手であるメタウォーターの山口賢二社長にインタビューする機会を得て、なお筆者が聞きたかったことは変わらない。ＥＰＣがなくなるわけではないにしても、ＥＰＣのために運営管理事業を行うような〝ＥＰＣ一本足打法〟から脱却する意志はあるのか否か。山口社長の答えはこうだ。

「20年前は私の会社も、まだ『ＥＰＣで儲けろ』と言っていましたが、人口減少を大きなターニングポイントとして、もはやモノを売って収益を上げられる社会情勢ではありません」

〝ＥＰＣ一本足打法〟からの脱却は「いよいよ待ったなし」だ。

## ＥＰＣ、自社製品へのこだわりを捨てる

上下水道サービスの向上につながるなら、自社製品にもこだわらない。

「自社製品にとらわれると、社会課題に応えられません。他社の製品やサービス、知

恵も含めてアッセンブルすることで最適解を得る。その考えを大切にしています」

さらにはパイプでつながった上下水道というシステムにもこだわらない。だから小規模分散型の水インフラを手掛ける東京大学発ベンチャーであるＷＯＴＡ株式会社（本連載第9回参照）にも出資した。

「上下水道サービスにもパイプでつなぐ以外に〝松竹梅〟の選択肢があっていいと思いませんか。山奥の１軒だけならポンプ車で水を運んでもいいし、ＷＯＴＡの技術を使って近くの水源から飲み水をつくってもいい。水道法では給水装置として配水管が位置づけられていますが、それに縛られた画一的な手法では、とりわけ過疎化する自治体で水道サービスが成り立ちません。臨機応変に柔らかい頭で最適解を考えていきたいです」

ようやく潮目が変わった。いや、メタウォーターが潮目を変えようとしている。

## コンセッション成功のカギは「ヒト」

潮目を変える本気度を示すのが、宮城県上工下水一体官民連携運営事業（みやぎ型管理運営方式）だ。上水道2事業、工業用水道3事業、下水道4事業の運営管理を包括的に民間企業が実施する。事業を担うＳＰＣ「株式会社みずむすびマネジメントみやぎ」（以下、みずむすび）は全10社で構成され、メタウォーターは代表企業として参画する（**表**）。

運営期間は２０２２年から20年間と長期にわたり、事業費は約１５００億円と大きく、上水道、工業用水道、下水道を束ねた国内初の事業である。また、日本ではＰＦＩを行う際などに設立するＳＰＣの多くはペーパーカンパニーだが、みずむすびは実際に事業を行う普通の株式会社であるなど、多くの点で従来事業とは一線を画す。上水道では国内初のコンセッション事業でもある。それだけに、事業の成否には業界内外から関心が集まる。

そうしたなか、山口社長が成功のカギとして筆頭に挙げたのが「ヒトのモチベーションキープ」だ。ＥＰＣでいくら良い装置を入れても、ヒトが使いこなせなければ宝の持ち腐れになる。〝ＥＰＣ一本足打法〟からの脱却へ、そしてサービス重視への山口社長の覚悟を示す言葉と言えよう。

「バルブの操作ミスで濁度が悪化し、宮城県企業局と取り決めた要求水準に抵触してしまったこともありました。こうしたヒューマンエラーをいかにしてなくすかを日々考え続けています。

表　みやぎ型管理運営方式（宮城県上工下水一体官民連携運営事業）の概要

| | |
|---|---|
| 対象事業 | 水道用水給水事業（２事業）<br>工業用水道事業（３事業）<br>流域下水道事業（４事業） |
| 事業期間 | 2022 年４月１日～ 2042 年３月 31 日（20 年間） |
| 運営会社 | 株式会社みずむすびマネジメントみやぎ<br>＜株主企業＞<br>メタウォーター、ヴェオリア・ジェネッツ、オリックス、日立製作所、日水コン、橋本店、復建技術コンサルタント、産電工業、東急建設、メタウォーターサービス（10 社） |

契約期間の20年間で、運転データの蓄積、ノウハウの継承を考え続け、やり続けなければならない。それを担えるのは『ヒト』だけです。だからこそ、ヒトのモチベーションをキープすることがコンセッションには必要であり、重要であると考えているのです」

モチベーションを高く維持することは、地元住民の信頼獲得にもつながるだろう。

「上水道で日本初のコンセッションということもありますが、民間企業は営利集団だから水質が悪化するのではないか、水質を維持するなら料金が上がるのではないかなど、地元住民の皆さまが不安を抱いた部分は相当あります。だからこそ、みずむすびは、あらゆる情報を正々堂々と公開し、経営を透明化しなくてはなりません。それが住民の皆さまから信頼を得ることにつながると考えます。このことを設立当初より徹底してきましたが、信頼構築に関しては、良い滑り出しができたのではないかと感じています」

## 現場や個々の判断を尊重

モチベーションキープに関しては、みずむすびの構成会社である外資系のヴェオリア・ジェネッツ株式会社に学ぶことも多いという。

「ヴェオリア社は現場を大切にしているのでしょう。現場における仕事の意義や目的を社員に伝え、自分の仕事に誇りを持たせるシナリオづくりは流石です。一人ひとりに眠っている自尊心を刺激して引き出すというのでしょうか、その手法には大いに教わるところがありました」

モチベーションキープとも関係することとして、人材育成において山口社長には一つのこだわりがある。現場や個々の判断を尊重することだ。

「当社はみずむすびの代表企業という立場ではありますが、私はあくまでもＳＰＣの自主性に任せています。口をはさんでしまうと、各社から集結したエース級の人材の良さを生かせないと考えているからです」

一人ひとりの自主性に任せた人材育成は、メタウォーター本体においても実践する。70歳まで働ける環境づくり、週休３日制、勤務場所と時間を選べる働き方改革など、社員の可能性を引き出し、磨きをかけるための人的投資を惜しまず進めている。

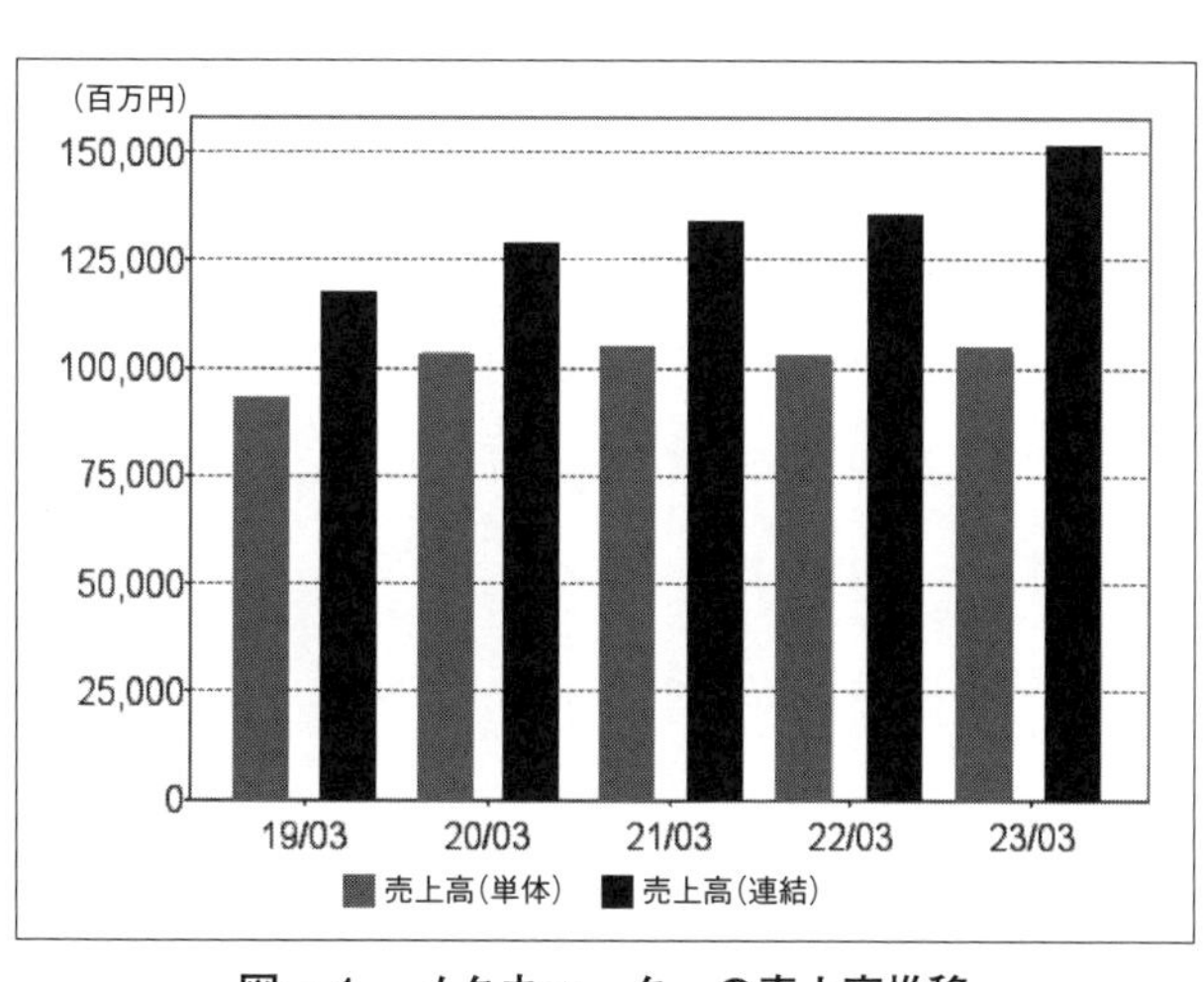


図－１　メタウォーターの売上高推移

## 「売上高２０００億円はそれほど難しくない」

同社の売上高（連結）は２０２３年３月期決算で１５０７億円を記録した（**図－１**）。ただし経常利益は２０２１年３月期の１１０億円をピークに、２０２３年３月期は約87億円と8割近くまで減少している（**図－２**）。

その原因は〝ＥＰＣ一本足打法〟から脱却したからなのか。やはり儲かるのはＥＰＣであり、運営管理では利益率を上げにくいのだろうか。

「そうではありません。ＥＰＣは商品を販売するまでに、開発や営業などに多くの投資が必要ですから、実は利益率はそれほど大きくありません。利益率が高いのは、当社ではサービスソリューション（ＳＳ）と呼んでいる設備のメンテナンスなどです」

では、利益率の伸び悩みの原因はどこにあるのか。

「２０２２年度は物価高による部材価格やユーティリティーコストの上昇が利益率を押し下げ

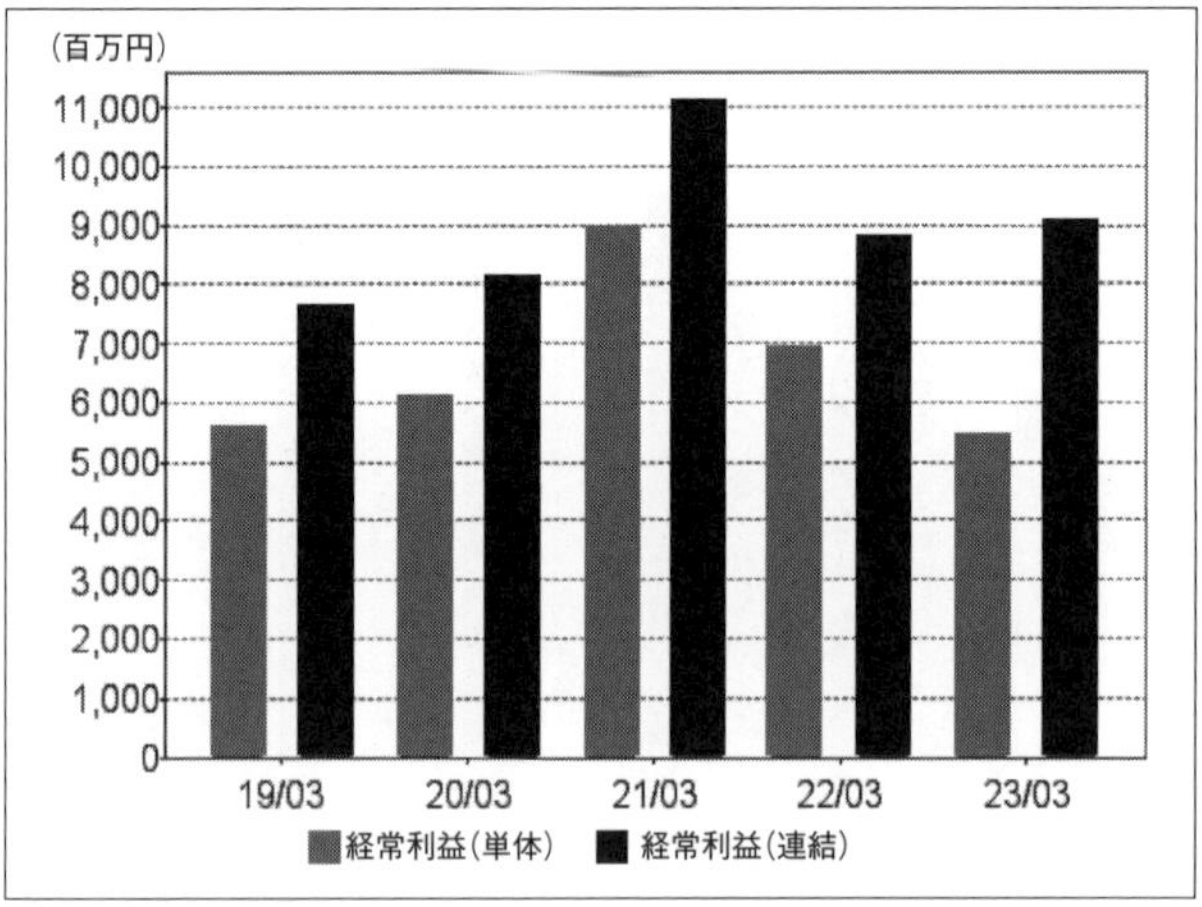

（百万円）
11,000
10,000
9,000
8,000
7,000
6,000
5,000
4,000
3,000
2,000
1,000
0
19/03 20/03 21/03 22/03 23/03
経常利益（単体） 経常利益（連結）

図－２　メタウォーターの経常利益推移

る要因となりました。また当社では、みやぎ型管理運営方式のようなＰＰＰ（公民連携）事業は成長分野に位置づけており、まだトライ＆エラーで経験を積んでいる段階でもあるため、投資先行にならざるを得ない状況です。これからＰＰＰ事業を成熟させていきますので、利益率も上がってくるはずです」

同社は中期経営計画２０２３において、ＰＰＰを成長分野に位置づける（**図ー３**）。足元での利益率の減少は〝ＥＰＣ一本足打法〟からの脱却に挑戦している証と言えそうだ。その挑戦が成功した先に、長期ビジョンで掲げる２０２８年3月期の売上高２０００億円（連結）が見えてくる。

２００８年の設立当初の売上高は約９５０億円であったから、20年間でほぼ2倍というのはかなり意欲的な数字である。その実現のために、水インフラ業界には珍しく海外企業のＭ＆Ａにも積極的だ。

「オーガニック成長に加え国内外のＭ＆Ａの推進によ

| | | |
|---|---|---|
| 成長分野 | **海外事業**<br>欧米を戦略エリアと位置付け、グループ企業間の連携を深め、さらなる事業拡大を図る | **PPP事業**<br>実績やノウハウを生かした地域戦略を強化するとともに新たなビジネスモデルを創出する |
| 基盤分野 | **EPC事業**<br>IT、AIを活用したエンジニアリング手法を活用し設計品質の向上、コスト競争力の強化により受注拡大と収益力の向上を目指す | **O&M事業**<br>既設機場の継続的な受注による安定成長、ITツールの活用、WBCの拡販により新たな機場および新規事業の獲得を図る |

図ー３　基盤分野の強化と成長分野の拡大（「中期経営計画 2023」より）

り、売上高２０００億円は、それほど難しくはない実現可能性の高い数字だと考えています」

　売上高１５００億円を超える水の巨艦。同社が変われば、業界は変わる。そして、水インフラのあり方も変革するはずだ。

# 経営トランスフォーメーション

Management Transformation

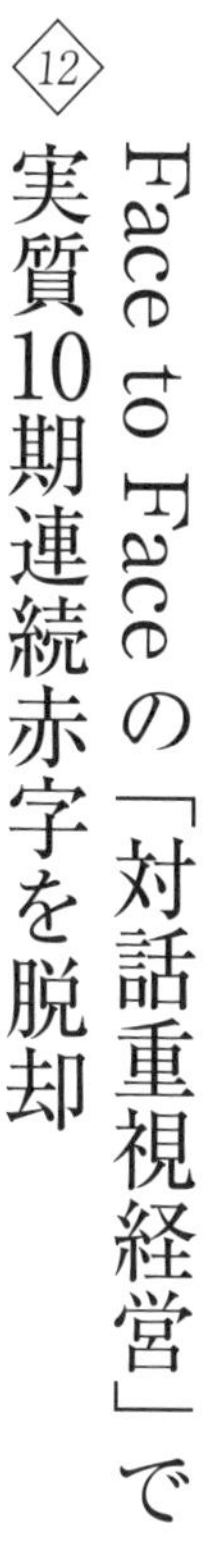

## ⑫ Face to Faceの「対話重視経営」で実質10期連続赤字を脱却 人的資本を充実し11年間で株価9倍に

経営トランスフォーマー▽オリジナル設計　菅伸彦社長

〈月刊下水道2023年12月号掲載〉

### とにかくヒトを大事にする

いつも取材の冒頭に、この連載を始めたきっかけをお伝えする。水インフラの整備はほぼ終わった。これからは作って終わるモノ重視から、作ったモノから価値を生み出すコト重視の人材や経営に変革する必要がある。そう説明するとおおむねひっかかりなくインタビューに入れるのだが、菅伸彦社長は少々違った。

「整備が一巡し、商品をモノからコト化していかないといけないという発想はおもしろいですが、だからといっ

菅伸彦社長

てモノは軽視できません。浸水対策のための施設整備はまだ不十分ですし、老朽化した上下水道施設つまりモノはずっと改善しなければなりません。それもかなりのスピード感が求められます」

そう話し、だからこそモノがわかる人材がこれからも必要だと強調した。筆者としてもモノを軽視しているつもりは毛頭なかったのだが、コト化の人材だけを増やすのみでは水インフラの従来機能を維持しつつ、さらに新たな価値を創造することができないのは指摘のとおり。最近は筆者も含めコト重視の社会情勢にあり、そのことに対する危機感が言わしめた言葉でもあるのだろう。しかもモノがわかる人材が減っていることも菅社長の危機感をあおっている。

「当社を含む上下水道コンサルタント業界の年齢構成を見ると、これから経営の中核を担っていく30代後半から40代半ばの層が薄い。今は50代以上やシニアの再雇用などでその穴を埋められていますが、それも長く続くはずもなく、しかも若手の入職が少ない」

下水道事業予算は1998年にピークを迎え、右肩下がりに減少を始めた。層が薄い世代の採用時期は、ちょうどその時期と重なる。同社の採用は2012年が底で、しかもそれまで実質10期連続の赤字が続いていた。そんなときに菅氏が社長に就任し、経営の立て直しが託された。

「とにかくヒトを大事にする」

モトとかコトとかの事業領域を再構築する以前に、菅氏はヒトに目を向けた。社員や顧客など関係するヒトが幸せになれば、業績も向上するとの信念があった。そうした経営は人的資本経営と呼ばれ今でこそ重視されるようになったが、それを10年ほど先取りした。

## 対話で得た社員の要望はすぐに検討、すぐに実行

では、ヒトを大事にするとは、どういうことか。キーワードは、菅氏がインタビューの端々に散りばめた「対話」という言葉だ。

対話とは、相手を説得するための議論ではなく、上司が部下の面談をするのでもなく、相互理解、協力関係を築き、問題を解決するための行動を生み出すこととされる（「対話とは、わかり合うことが目的ではない！」DIAMOND Online、https://diamond.jp/articles/-/273482）。

菅氏は社長に就任した2012年からずっと、全国約10拠点を訪問し、社員と対話する「社長意見交換会」（**写真1-1**）、最近の流行りの言葉でタウンホールミーティングを行っている。5～10名のグループ談義ながらも、毎年異なるテーマで各人の意見に耳を傾ける。対話時間は平均すると一人10分ほどだという。しかし、菅氏の対話はそこで終わらない。社員の田口和江さんはこういう。

「社長のすごいところは、対話で出た要望をホントにすぐに検討して、できるものは予算を付けてすぐに実行してくれるところです」

これぞ菅流対話の真骨頂だ。秋田市のオフィスに世界遺産に登録された白神山地のブナ林を模した樹木を配置したり（**写真−2**）、金沢市のオフィスの床材を加賀友禅で用いられる加賀五彩のじゅうたんにしたり（**写真−3**）、ラックを木材にしておしゃれな雰囲気にしたり、こうしたことは対話で得た社員からの要望で実現した。

デスクのフリーアドレス、がん検診の助成など働き方改革や健康経営なども、トップダウンで押し付けるのではなく、対話を通して社員に伝え、意見を聞き、常に改善を続ける。それが社員の自主性、経営参加、モチベーション向上につながり、さらには学生人気にもつながってきた。

「この2、3年は当社で働きたいと言ってくれる学生

写真−1　社員とFace to Faceで対話するため毎年行っている「社長意見交換会」

写真−2　世界遺産に登録された白神山地のブナ林を模した樹木を配置した秋田市のオフィス

の方が少しずつ増えています」

## 就任1年で黒字転換し、給与もアップ中

菅氏が社長に就任したのは45歳のとき。この年齢は、当時の社員の平均年齢とほぼ同じだった。つまり半数以上は年上の社員であり、上下水道業界の社長としては年齢が若く、工学部系で技術重視のこの業界にあって教育学部出身の異端児、総合技術監理部門の技術士や米国の大学院の環境管理学の修士号を持っていたが「この下水処理場を設計したんだぞ」という本業の特筆すべき実績もなく、創業者系の婿というあまり強くないカードしか手にしていなかった。

しかも、菅氏の社長就任は劇的だった。株主提案による臨時株主総会で経営側の提案が覆され、株主提案による代表取締役の解任と新たな取締役の選任議案が約9割の賛成多数で可決されて実現したもので、当時の経営陣2名の解任を伴っての船出であった。しかも先述のようにそれまで実質10年連続の赤字が続いていた。期待はされつつも、経験も実績もない菅氏が赤字体質を立て直すにふさわしいヒトか否か、当初は経営陣や社

写真－3　加賀友禅で用いられる加賀五彩のじゅうたんを敷いた金沢市のオフィス

員からのさぞ厳しい視線を感じたことだろう。

そうしたなかで経営改革に取り組んだ。

一つは就業規則の見直しだ。役所との打ち合わせのために出張する人数が多すぎたのではないか、日帰りでもいいのではないか、日当は業務内容に見合っていたかなど細かく精査した。

もう一つは外注の見直しだ。内製化したほうが効率が良いものはないか、発注先と発注量は妥当か、発注単価は下げずにコスト削減できる余地を探した。

正直に言って結構細かいし、社員から反発もありそうだ。だからこそ、どこに向かって、なにをやるのか。今でいうパーパスとミッションとビジョンを社員と共有し、社員の思いを知る必要があった。菅氏が対話にこだわるのは、こうした経緯も大きく影響しているのだろう。

「当初の対話では、社員から厳しい意見が多く出ました。なので規則を押し付けるのではなく、一人ひとりの要望を聞き、細かく対応するように心がけてきました。そうした積み重ねを続けるうちに、社員の声が〝意見〟とか〝不満〟から、建設的な〝要望〟に変わっていきました」

こうした地道とも言える改革の結果、社長就任からわずか1年で黒字転換を果たした。利益は社員に還元し、2012年から2023年の11年間で平均給与は約1・4倍となり、

2020年にはビジネス誌の生涯給料増加率でトップ30位に入った。長年続いた無配から復配、さらに増配も果たした。

2023年度には技術士を取得した35歳までの社員を対象に、年齢に応じて最高150万円を支給する「Early Bird Program Award」を創設した。2023年に授与した2名の社員は報奨金のほか、社長との高級ディナーも楽しんだ（**写真－4**）。

「支給額が多いと思うかもしれませんが、技術士を取得した社員はそれ以上の利益をもたらしてくれます。それに、社員が喜ぶ姿を見れば、ご家族や友人の当社に対するイメージは上がりますからね」

ヒトが幸せになれば、業績も向上する。そしてそれらが循環する。菅氏の信念は実を結び始めている。

**写真－4　技術士を取得した若手を讃える「Early Bird Program Award2023」の受賞者は菅社長（左端）との高級ディナーも楽しんだ**

## 「伝わる」を重視した平易な言葉選びが投資家を魅了

インタビューで思わずキャッチーな流行語が飛び出すと見出しや記事にしたくなるこ

とがあるのだが、菅氏からは人的資本経営やウエルビーイング経営やパーパスといった流行語が聞かれなかった。自身が経験し、感じ、考え、理解できたことだけを、自身が理解できる言葉で話していたように感じる。

「証券会社から当社に就職した当初、土被りといった専門用語や関連機関の略称がまったくわからなくて（笑）。これでは投資家はもちろん、社内でも技術職以外の社員には伝わらないと感じました」

確かに2022年発行の統合報告書の社長インタビューの記事も、非常に平易な用語と表現が徹底されている。ともすれば幼稚な文章という人もいるかもしれないが、意に介さない。

「伝わることが大切です」

業績アップもさることながら、伝わる言葉選びは投資家を惹きつけ、株価は社長に就任した2012年11月6日の137円から1214円（2024年4月1日）へと11年間で約9倍に躍進した（**図ー1**）。

「これからウォーターPPPで上下水道の官

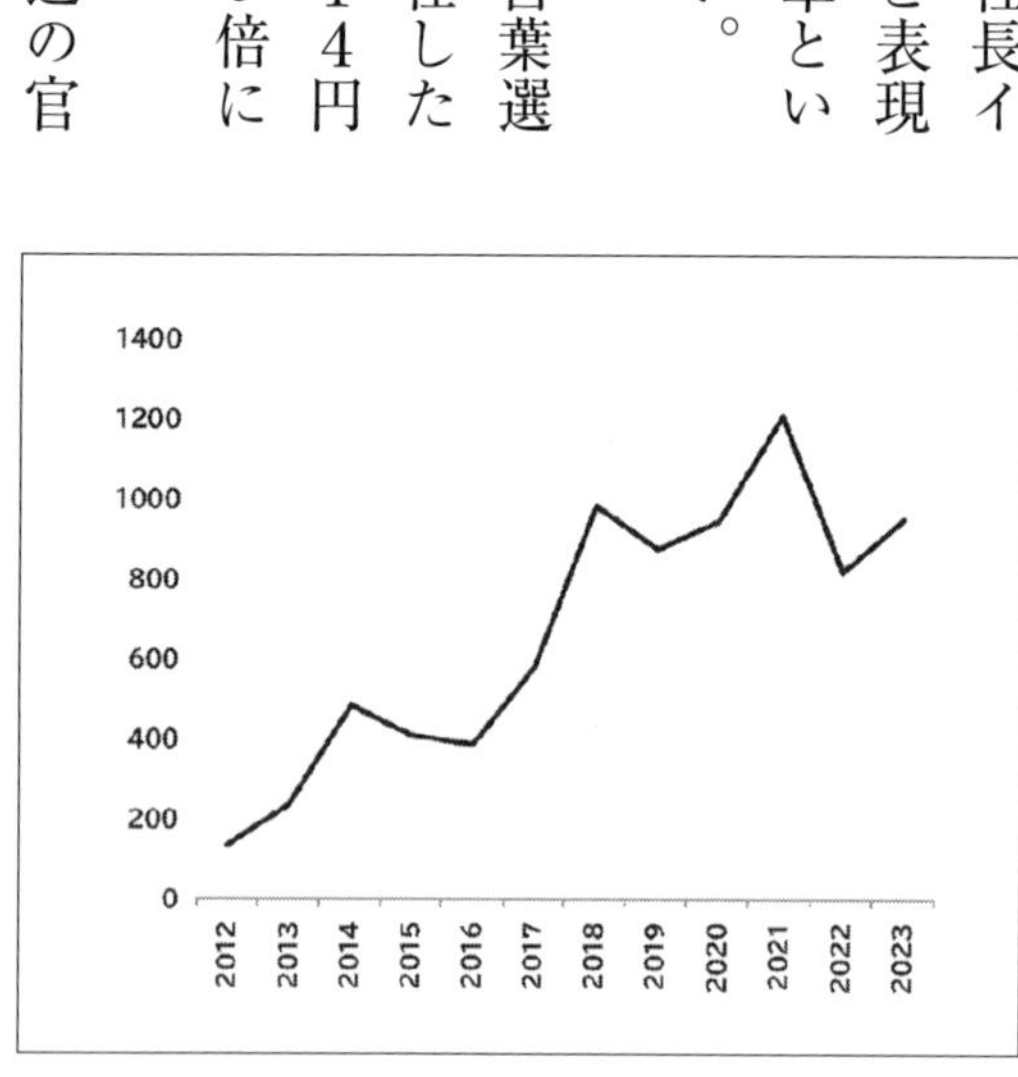


**図ー1　オリジナル設計の株価の推移（筆者作成）**

※菅社長が就任した2012年11月6日から1年ごと。
土日祝の場合はその前日あるいは前々日の終値

民連携が進み、コンセッションも増えていけば、施設整備や管理のみならず、ファイナンスなど経営面でも自治体をサポートするニーズが増えるでしょう。私たち上下水道コンサルタントはそのための人材を異分野からでも確保し、ニーズに応えていかなければなりません。それができたとき、上下水道コンサルタントは次のステージに上がるのだと思います」

菅流対話はきっと、新たなヒトを惹きつけるはずだ。

⟨13⟩

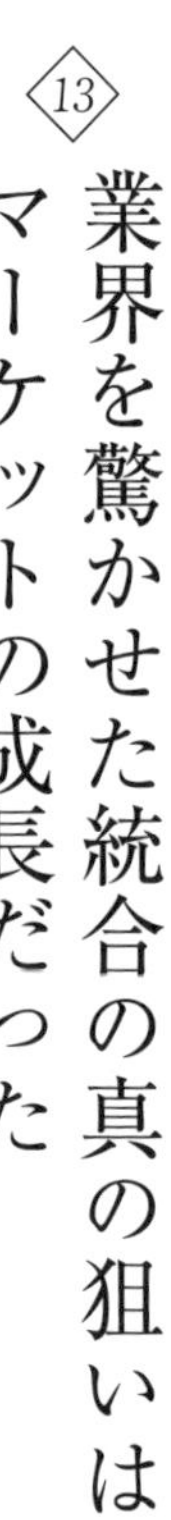

# 業界を驚かせた統合の真の狙いは マーケットの成長だった

経営トランスフォーマー▽月島ＪＦＥアクアソリューション　鷹取啓太社長
阿部吉郎副社長

〈月刊下水道２０２４年２月号掲載〉

上下水道業界において、大手が中小企業を統合することはあっても、大手と大手の統合はほとんど例がない。だからこそ、月島アクアソリューション株式会社とＪＦＥエンジニアリング株式会社の国内水エンジニアリング事業の統合は上下水道業界を驚かせた。その背景に何があったのか。そして、狙いはどこにあるのか。２０２３年10月１日に誕生した新会社「月島ＪＦＥアクアソリューション株式会社」の鷹取啓太社長と阿部吉郎副社長に、新会社の経営トランスフォーメーションを

阿部吉郎副社長　　鷹取啓太社長

聞いた。

## シュリンクする市場、減らないプレイヤー

日本の下水道業界は、業務内容によっていくつかの領域に分化されている。上流側から下流側へ大まかに言うとコンサルタント、下水処理場の建設・装置（ＥＰＣ）、下水道管路の布設、処理場の維持管理・運営、下水道管路の維持管理があり、それぞれに業界団体が組織されている。

２０２３年10月1日に誕生した月島ＪＦＥアクアソリューション（ＴＪＡＳ）の統合元の１つである月島アクアソリューションは、このうちのＥＰＣを担う企業で構成する一般社団法人日本下水道施設業協会（施設協）に協会設立当初から名を連ね（当時の社名は月島機械株式会社）、業界発展の一翼を担ってきた。

施設協が設立したのは１９８０年。日本下水道施設工業会として発足し、会員は34社でスタートした。あれから40年以上が経過した現在、正会員33社、賛助会員6社、合わせて39社へと5社増えた。これを業界が発展しているためと言えるのか。

その判断を下すには、二つの情報を合わせて見る必要がある。

一つは政府の建設投資額の推移だ（**図**）。協会設立の１９８０年の公共事業の土木分野への投資額は約14・8兆円。そこから右肩上がりに増えて98年に約27・6兆円まで膨

らんだがその後は減り続け、２０２０年には約14・7兆円と１９８０年と同レベルまで落ち込んでいる。

もう一つ見ておきたい情報は、下水道処理人口普及率である。１９８０年は約30％と低く、整備の需要に沸いていた。その後、順調に整備が進んで２０２１年度末には80・6％となり、おかげで私たちは衛生的な暮らしと豊かな水環境を享受できるようになった。しかし、それは整備の需要の減少、つまり月島アクアソリューションが主戦場としてきたＥＰＣ市場の縮小を意味することでもある。そして、将来的に整備の需要が回復し、先述の公共事業

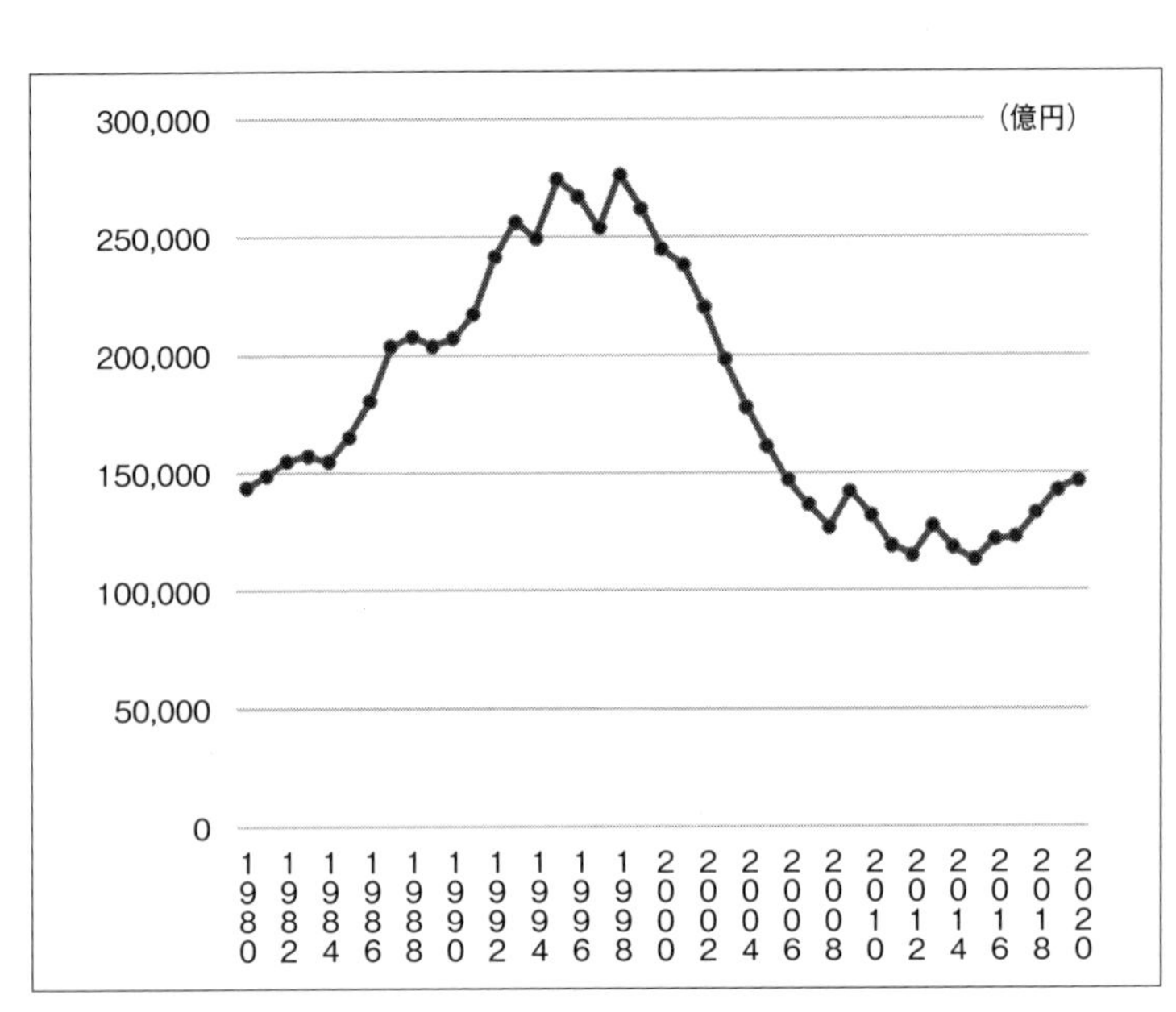


図　建設投資額（政府・公共事業）の推移
（統計で見る日本「e-Stat」より筆者作成）

の土木分野への投資が再び増加に転じる望みは薄いということでもある。

少しだけ増えた会員数と、シュリンクする市場。データを見る限り、会員が増えているからといって発展する業界と言うことは難しい。逆にこのままでは1社あたりの受注額までシュリンクしていく厳しい状況に置かれていると分析できる。

## ＥＰＣの限界とＰＰＰへの期待

月島アクアソリューションは下水道事業とＥＰＣ業界の紆余曲折に40年以上にわたって身を置いてきたからこそ、こうした現状を危機感を持って見つめていた。そして、官が発注したものを作るだけの従来型の官需、言い換えれば請負型のＥＰＣビジネスに限界を感じるようになった。ＴＪＡＳの鷹取啓太社長は、ＪＦＥエンジニアリングの国内水エンジニアリング事業との統合を決断した心の内をこう話す。

「国内の公共投資額は減っていますから、プレイヤーの数が減らなければ1社あたりの受注額は減っていくはず。なんとかこれまでやってこれましたが、これからは難しいでしょう。かといって海外市場に目を転じても、ＥＰＣだけなら新興国にコストで勝てない。

今後は装置を売って終わりのＥＰＣではなく、装置や施設を使って上下水道サービスを提供するコンセッションなどの官民連携（ＰＰＰ）、運営やマネジメント、エンジニアリングの市場が伸びるはずだし、当社もそこに舵を切っていくべきです。月島機械のメーカーとしての力、JFEエンジのプロジェクトマジメント力を融合させ、新たな事業領域に挑戦していきます」

## 企業として成長するために市場を成長させる

TJASが目指す上下水道サービスのPPP市場が今後、伸びることは間違いないだろう。しかも、2023年度「PPP/PFIアクションプラン」でウォーターPPPという施策が打ち出され、民間に委託する業務はより広範囲に、契約期間はより長期間になっていくことが見込まれる。阿部副社長もそこに期待する。

「上下水道関連の従来市場がシュリンクするなか、どこでマーケットを拡大できるかと考えたらPPPに行きつきます。官が持っている事業を民間のマーケットにシフトすることで、マーケットが成長できます」

しかし先述のように日本では業界が細分化されてきたため、官が担ってきた上下水道事業の〝全体〟を1社で請け負える水会社はまだ育っていない。1社が育つのを待つか、異分野の企業が統合するほうが早いか。業界内でそんな声を耳にする。月島アクアソリューションとJFEエンジの統合は、そこに一つの解をもたらしたと感じる。

「異分野の企業が統合することで、事業領域も企業としての規模も拡大して、コンセッションのような大型PPPを担える力をつけていきたい。大型PPPを請け負える企業が増えれば、大型PPPが増え、PPP市場が拡大し、企業は成長できます。マーケットと企業の成長は両輪です。シュリンクする市場でシェアの奪い合いをするのではなく、業界全体で新しいマーケットを作っていかなければなりません。その一翼を担っていきたいです」(阿部副社長)

## 強い発言力を持つリーディングカンパニーを目指す

マーケット拡大への意欲に加え、鷹取社長は今回の統合を機に上下水道業界を魅力的な業界にしたいという強い思いを秘める。

「社会的に必要不可欠な仕事ですが、給与水準は決して高くありません。むしろ他のインフラに関わる仕事と比べて低いと言っても過言ではありません。

また、なんといっても社会的意義に対して正当に評価、処遇されているようには感じられません。このままでは若い世代の技術屋さんが、この業界を目指さなくなることを危惧しています」

水循環のなかで、人間が汚した水をきれいにしてくれる下水道などのシステムが最も重要だと筆者は考えているが、パイプは地下に埋まっていて見えないし、汚水を扱うので臭い・汚い・きついの3Kの仕事とされ、脚光を浴びないどころか、時に敬遠されることもある。そんな現状に鷹取社長は忸怩たる思いを抱えている。

「その背景には単価設定や発注額、下水道使用料など、いくつもの要因が絡み合っていますし、関係者も行政と業界のほか、料金改定となれば政治まで絡む複雑な方程式を解かなければなりません。

そのなかにあって、業界の声が小さすぎます。電力業界であれば東京電力のような売上7兆円を超える企業があり、財界や政界に対する発言力があります。

上下水道業界にも専業の大手企業が育ち、リーディングカンパニーとして強い発信力を持って産業構造そのものを変えていく必要性を感じます。

その意味で、当社は、その一角を占める企業を目指します」

上下水道業界は公共事業のなかで育ってきた。つまり、官が仕事を作り、民が請け負う「受注型」だ。しかしPPPやマネジメント指向が強まるこれからは、民が仕事を作り、民がやる「創注型」に変わっていくことが予想される。そうしたなか、下水汚泥発電事業で独立採算事業を手掛け、また、製糖事業で民需も経験した月島グループと、上下水道以外の分野でもプロジェクトマネジメントを手掛けてきたJFEエンジのDNAを併せ持つTJASが、他社にないノウハウと発想で「創注型」市場をけん引していってくれることを期待する。

# ⑭ 中小企業だからこそ国内水コンサルティング業務を極める
## 異業種に学んだ〝ちゃんとした〟経営を実践中

**経営トランスフォーマー▽極東技工コンサルタント　村岡基社長**

〈月刊下水道2024年4月号掲載〉

大阪府吹田市に本社を置く株式会社極東技工コンサルタントは、売上22億円（2023年9月期）と上下水道コンサルタント業界においては決して大手ではないが、キラリと光る何かを見せつける不思議な企業だ。2024年3月に設立50周年を迎えた今、次なる〝キラリ〟をどこに見出そうとしているのか。村岡基社長に経営トランスフォーメーションを聞いた。

村岡基社長

## 自治体の「汚水処理施設10年概成」をサポート

本連載はＤＸや人口減少、ＳＤＧｓ、整備時代の終焉など社会のいくつかのトレンドを背景として、水インフラ業界においてもモノからコト化経済への移行、モノを使った価値創造への転換、つまり経営を変革（トランスフォーメーション）すべきではないかという課題認識からスタートした。２０２３年に当初はなかった社会トレンドとして、「ウォーターＰＰＰ」（ＰＰＰ／ＰＦＩアクションプラン令和5年改訂版）が打ち出され、２０２４年度から国土交通省に厚生労働省水道課が担っていた水道行政が移管されることとなった。さらに村岡社長が注目するトレンドが、いわゆる「汚水処理施設10年概成」である。

「汚水処理施設10年概成」とは、その文字どおり、下水道・農業集落排水処理施設・合併処理浄化槽などの汚水処理施設を今後およそ10年間で整備し終えるということ。国交省、農林水産省、環境省が共同で２０１４年度に策定した「都道府県構想策定マニュアル」に明記されたもので、およそ10年後の概成時期として示された２０２６年度末がもう3年後に迫っている。

「営業担当の社員と一緒に自治体を訪問して意見交換させていただくと、中小市町村の最大の関心事は10年概成だと感じます。２０２７年度以降は、汚水管の改築にウォーターＰＰＰ導入が要件化されることとされてから、不安視する声が大きくなってきました。〝10年概成問題〟と言えるほど中小市町村の不安が膨らんでいると感じます。

　雨水対策への予算も必要ですからね。大規模自治体は大丈夫かもしれませんが、中小市町村が国庫補助もない中で下水道事業を維持することは容易ではありません。水コンサルタントとしてこのような市町村をしっかりとサポートする。今後はそこに当社の力を集中させていきます」

　ゆっくりとした歩みだが3年後には社員175名、売上25億円を目指す（**図ー1**）。

**水コン・国内・地域密着に全力**

　村岡社長が言及する10年概成や中小市町村のサポート、ウォーターPPPへの対応は、いずれも本連載の中で他社の経営者も異口同音に話題にしていた。皆と同じ案件に群がってしまっ

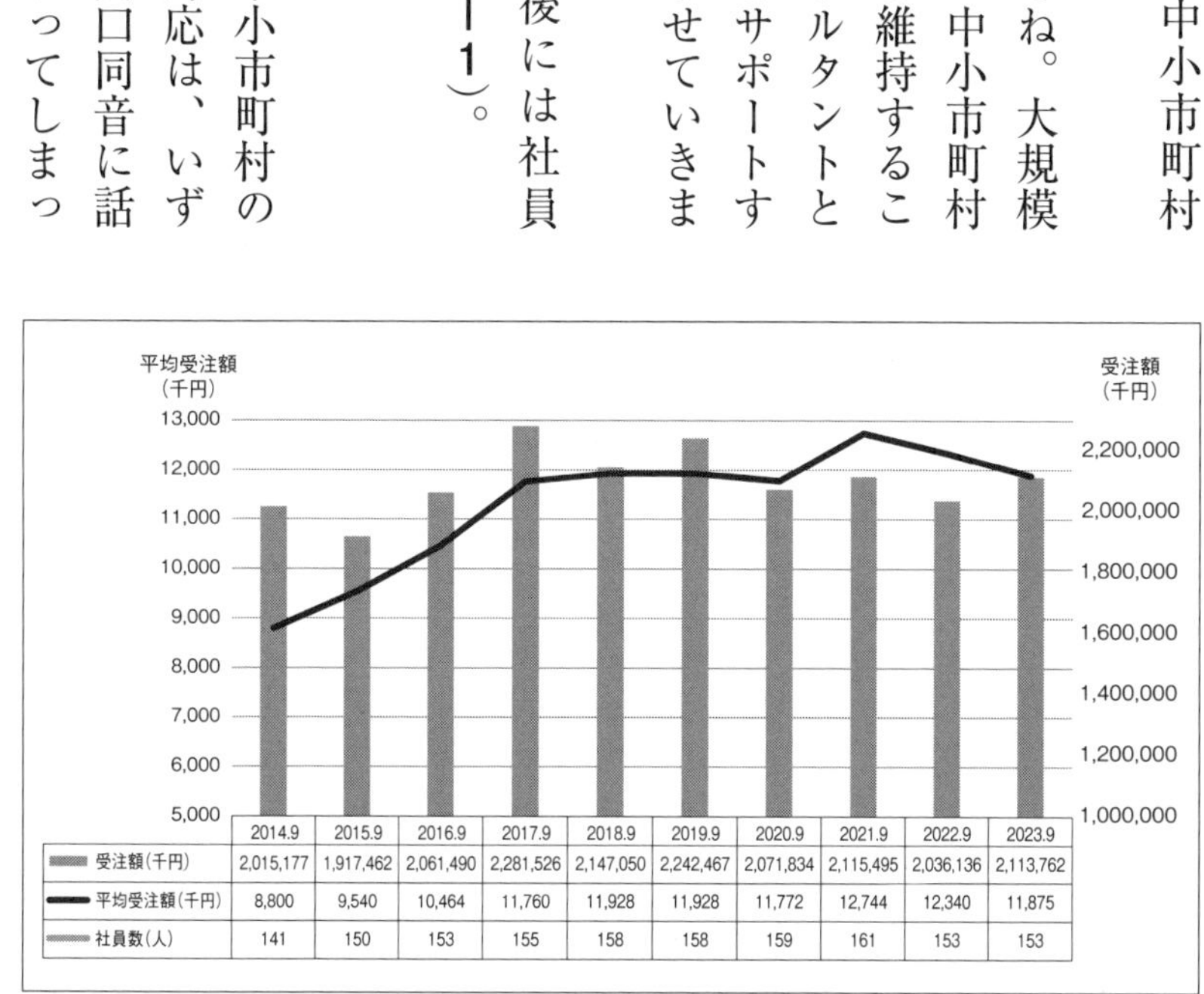


| | 2014.9 | 2015.9 | 2016.9 | 2017.9 | 2018.9 | 2019.9 | 2020.9 | 2021.9 | 2022.9 | 2023.9 |
|---|---|---|---|---|---|---|---|---|---|---|
| 受注額（千円） | 2,015,177 | 1,917,462 | 2,061,490 | 2,281,526 | 2,147,050 | 2,242,467 | 2,071,834 | 2,115,495 | 2,036,136 | 2,113,762 |
| 平均受注額（千円） | 8,800 | 9,540 | 10,464 | 11,760 | 11,928 | 11,928 | 11,772 | 12,744 | 12,340 | 11,875 |
| 社員数（人） | 141 | 150 | 153 | 155 | 158 | 158 | 159 | 161 | 153 | 153 |

**図ー１　受注額・平均受注額の推移（極東技工コンサルタント提供）**

ては、熾烈な市場競争に巻き込まれるのがオチだ。大手水コンサルタントも立ちはだかる。中小企業の同社はどこに生き残りの道を見出すのか。

村岡社長が選択した戦略は、水コンサルタント業を極めること、国内市場に集中すること、そして拠点のある地域を中心とした地元密着のサポートを図ることの3点だ。

「上下水道施設の再構築事業の設計や一体的な事業計画の見直しなど、国内のコンサルティング業務だけでも十分な売り上げを確保できると見ています。平均単価1200万円の案件を年間180～200件が目指す姿です。

ですので上下水道以外のビジネスへと事業拡大している水コンサルタントも出てきていますが、当社は視野に入れていませんし、為替や安全面でのリスクが大きい海外市場への展開も今のところ考えていません。以前は海外案件にも取り組みましたが、期間中は担当者がその案件だけに縛られます。それよりも国内の複数案件を担いたいのです。

とはいえ社員数は160名ほどで多くの案件をこなせるわけではありませんので、当面は拠点のある33都府県に注力します。そのかわりこれら地域にしっかりと密着し、提案内容では大手にも負けない内容として、長期にわたって自治体を誠心誠意サポートしていきたいと考えています」

国内市場や上下水道事業がシュリンクするから海外展開する、周辺領域に事業拡大する。こうした戦略は本連載でもよく聞いてきたし、そのような経営トランスフォーメーションを聞きたい思いが強かったのだが、驚くことに村岡社長の戦略はその逆張り。背景にはその選択を可能にし得る同社ならではの〝キラリ〟があるからだ。

とかく大手企業と比較しがちであるが、実は同社と同規模の水コンサルタントと比較すると、上水道と下水道の両面で事業展開している会社は多くないという。同社の場合、売り上げに占める水道事業の割合は現状で2割、将来的に3割強まで引き上げる方針だ。

国の下水道行政と水道行政が2024年度に一体となり、今後は自治体からも上下水道が一体的となった発注が増えることが見込まれる。同社はそこに活躍の場を見出す。とりわけ大手コンサルタントにとっては規模が小さく、採算から考えて二の足を

写真　「野球道」をテーマとする社員研修は、働き方や人との付き合い方などを見つめなおすきっかけになっている

踏むかもしれない中小市町村こそが同社の本舞台となりそうだ。

## 「野球道」や「取締役合宿」など独特の社員研修を実践、資格取得支援で技術士8割を目指す

こうした経営戦略を実行するうえで欠かせない技術士を増やすため、資格取得をサポートする体制も構築した。全技術社員に占める技術士の割合を、現在の6割から8割に高めることを当面の目標とする。一般に水コンサルタントでは管理技術者・照査技術者・担当技術者が1名ずつの最低3名でチームを組むそうだ。このうち担当技術者には技術士の資格が求められることはないというが、8割を達成できればすべて技術士だけのチームを結成でき、技術力をさらにアピールできるようになる。

資格取得以外の社内研修の充実も図っており、社員のみならず経営者の人財育成にも注力する。興味深いのはその中身だ。

例えば社員向けでは、アフリカで子どもたちの野球チームを作り指導している元JICA職員を講師に招き、礼儀や時間順守、仲間と助け合う、整理整頓などベースボールとは異なる「野球道」というものをどう伝え、実践したかを語ってもらった(**写真**)。それがそのまま、社員の日頃の働き方、人との付き合い方、ふるまいに反映されることを期待してのことだ。

取締役向けではコーチングをテーマにして、2023年に神戸・六甲山にある関西大学の施設を借りて合宿を行った。コーチングの手法を学ぶというよりも、自分自身を見つめ直し、反省点を洗い出し、話し合うのが狙いだ。そうしてまとまった取締役ごとの改善点は「My Credo」（マイクレド。著者注：クレドとは行動指針のこと）として言語化し、社員へのコミットメントとして各拠点に掲出している（図－2）。

マイ・クレド
(My Credo)

記入日：令和 5（2023）年 11月 8日

| 氏　名 | 村岡基 |
|---|---|
| 私にとって一番大切なことは何か？ | 世界が平和であり、また、自身が関わる人すべてが幸せであり、ともに続くこと。 |
| 私の人生で実現させたいことは何か？ | 1. 争いのない世の中<br>2. 環境破壊の減衰 |
| そのために何をしたか？何をするのか？ | 人々が清廉な水に安定して安価にアクセスでき、汚水が正しく処理され、汚泥が有効に再利用され、雨水が市中から速やかに排除されることによる生活環境面で安心できる空間の提供 |
| 仕事を通じて実現したいことは何か？ | KGCの社員・役員全員の健康と将来に向けて明るい展望を有した暮らしの実現 |
| 現在取り組んでいる目標は何か？ | KGCにあって、働き甲斐があり、努力し、貢献した業務成果に相応した報酬が得られ、福利厚生が真に充実した職場作り |
| 私が会社の仲間にすぐに貢献できること、また、協力できることは何か？ | 1. 社員一人ひとりに見合った職務提供と将来に向けたパーパス設定への導き<br>2. 技術士の養成・育成と管理技術者へのサポート |
| 私が会社の仲間に期待していること、求めていること、また、してほしいことは何か？ | 1. 人に対して、愛情をもって接してほしい。<br>2. 朗らかに身心とも健康であって欲しい。<br>3. モノを大切にして、整理整頓を心掛けてほしい。 |

図－２　村岡社長の My Credo

## 業界外の視点で自社と業界内を見つめ〝ちゃんとした〟経営者を目指す

テーマ設定やコーチの人選において村岡社長は、業界外にアンテナを張ることを大切にしている。数年前から関西大学の評議員と大阪ロータリークラブでの活動を通じて業界外の経営者と出会う機会が格段に増え、彼らの生き様や心意気、心構えに感銘を受けたことがきっかけだ。

「大学の経営や100年超え企業の経営などを知れば知るほど、さまざまな視点で上下水道事業を俯瞰する必要性に気づかされました。そうすることで次の仕事のシーズやニーズが見えてきます。業務としては水コンサルタント業に専念しますが、経営については業界外から学ぶべきことは多い。そうして当社の営業と技術の両面でのすそ野を広げていけば、より高い頂に到達できるはずです」

これも精神論ですが、と前置きしてこう付け加えた。

「成功者はみな業種を問わず潔癖でスマートです。決して傲慢にならず、人に迷惑をかけない。ふるまいもそうですが、持ち物も身なりもそう。それらをないがしろにしていたわけではありませんが、改めて身だしなみやふるまいをきちんとする、関西弁でいうなら〝ちゃんとする〟ように気を付けるようになりました」

その背中を見たからか、社内研修の成果なのか、はたまたその両方か、靴やカバン、スーツの手入れを気遣う社員が増えてきたそうだ。

「社長の背中は社員に見られています。だから丸まっていても、歪んでいても、肩肘が張っていてもダメ。等身大でありながら、ちゃんとした背中を見せないといけません」

My Credoなどを活用して社長や経営層が等身大の背中を見せてくれれば、社員の心理的安全性につながりやすい。それが自律性と自立性の高い人材育成につながり、自治体へのより良い提案につながり、さらには〝ちゃんとした〟仕事の成果から地域の人々の〝ちゃんとした〟暮らしにつながることを期待する。

# 経営トランスフォーメーション

MX Management Transformation

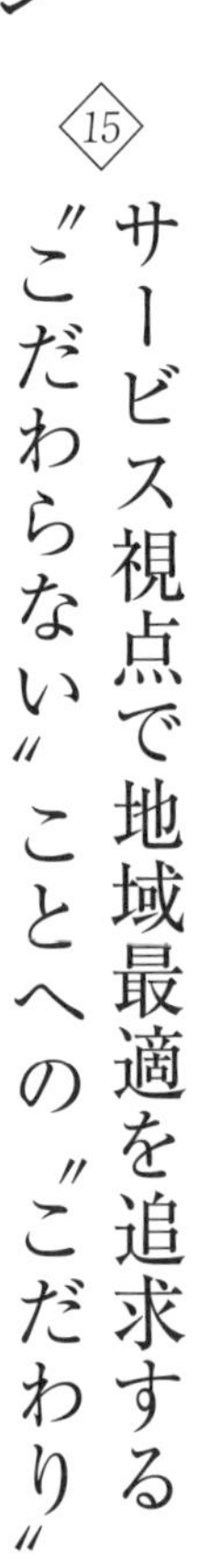

## ⑮ サービス視点で地域最適を追求する〝こだわらない〟ことへの〝こだわり〟

**経営トランスフォーマー▽水ｉｎｇ　大汐信光社長（当時）**

〈月刊下水道２０２４年６月号掲載〉

水ｉｎｇ株式会社の大汐信光社長は２０２３年６月に社長に就任して早々に同社の新しい考え方、向かうべき方向として「地域に貢献する」と明言し、経営改革と社員の意識改革を進めてきた。地域貢献とはよく聞く言葉だが、大汐社長のこだわりは、自社の枠、既存領域にこだわらずにそれを実現すること。〝大汐流〟経営トランスフォーメーションを聞いた。

**被災者目線で辿り着いた分散処理**

２０２４年１月１日に起こった能登半島地震から約２

週間が経った頃。現地では断水が続き、不自由な生活を余儀なくされていたが、テレビ画面には被災者の笑顔があふれていた。笑顔の理由は、久しぶりのシャワーだ。

驚くことにそのシャワーは屋内に設置されていた。しかもシャワー室となっている水色のテントの周りには、給水タンクも排水タンクもない。あるのは洗濯機ほどの大きさの装置だけ（**写真－1**）。これが東京大学発スタートアップ、WOTA株式会社が開発したポータブル水再生システム「WOTA BOX」である。排水は同システムで浄化され、シャワー水として再利用される。

水ingはWOTAに出資しており、今回は以前に購入していたWOTA BOXをWOTAに協力するかたちで七尾市の石川県立田鶴浜高校に設置し、その後もグループ社員を派遣して運営サポートも行ってきた。

水ingは、水族館などアミューズメント施設や工場の排水処理なども扱うが、事業領

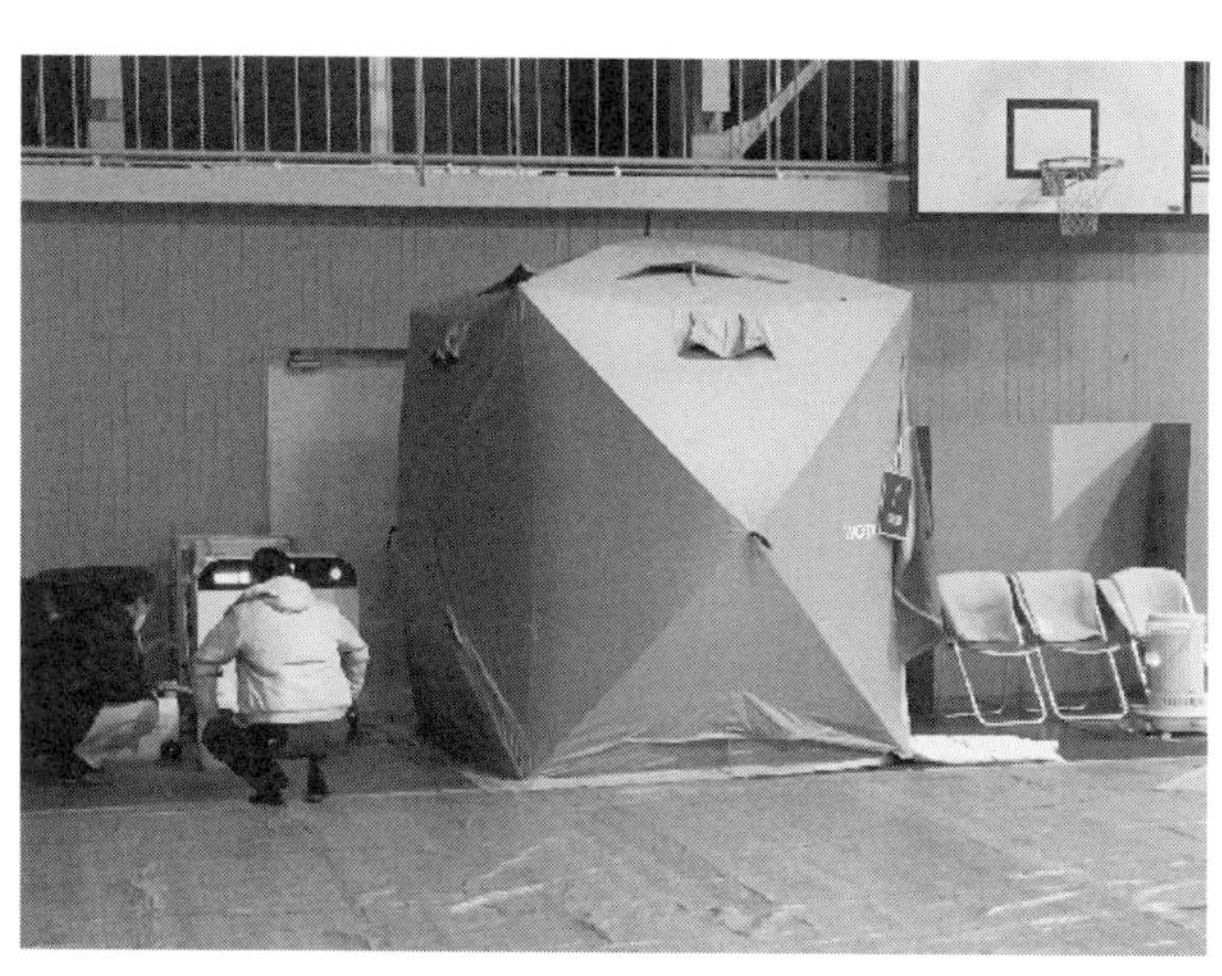

写真－1　田鶴浜高校に設置された「WOTA BOX」
（写真提供：水ing）

域の大半を占める上水道と下水道は官需、いわゆるB to Gであり、施設と各戸をパイプでつなぐネットワーク型のインフラを主戦場としてきた。

これに対しWOTA BOXはネットワークにつながらないオフグリッド型であり、被災者に直接サービスを提供している点からすれば民需、いわゆるB to Cであり、同社の従来の領域からははみ出している。

事業領域をはみ出すことを推奨する会社が増えているが、言うほど易くない。それに、これまで上下水道を取材してきた肌感からして、ネットワーク型インフラ関係者は、オフグリッド型インフラを別物と考える節がある。所管官庁も異なるから業界も異なるし、トレードオフの関係として競合という捉え方もされるし、交わりにくさを感じていた。

だが、どうやら同社は違うらしい。いや、今まさにネットワーク型とオフグリッド型を融合させようと変化する最中なのだろう。それも、結構、本気のようだ。

「B to Gビジネスを中心に事業展開している会社なので、災害時には自治体の上下水道の復旧支援に集中してしまいがちですが、能登半島地震では配管がズタズタで、復興にかなりの時間を要しています。困るのは住民なのに、住民目線を持たなくていいのか。水に関係して地域住民が本当に困ることは何なのか。水を担っている当社だからこそできることがもっとあるのではないか。そういうふうに思考が切り替わりました。それを追求して出たひとつの答えがWOTA BOXです」

地域のためになるなら、コア事業である上下水道にもこだわらない。そう覚悟するにはかなり勇気が必要に思えるが、大汐社長は力説するふうでもなく、当たり前という感じで話す姿が印象的だった。

地域住民に真に貢献することの追求が、結果的に従来の事業領域から外れることになった。いや、従来の事業領域へのこだわりを捨てられたから、地域住民に真に貢献しうる答えを手繰り寄せられたとも言える。

「能登半島地震の復興もそうですし、過疎地域もそうですが、小規模自治体にとって最適な水インフラは集合処理（ネットワーク型）だけではなく、WOTAのような分散処理（オフグリッド型）も含めてデザインすべきではないでしょうか。我々水業界には、従来とは異なる視点での提案が求められています」

２０２４年4月、新たな価値を見出し、生み出すために社長直轄の「次世代バリュー創生室」を新設した。同社グループ約３００ヵ所の拠点（上下水道の水処理施設など）との連携による新たな地域貢献につながる価値提案の検討も進んでいる。

## 〝下水処理サービスを提供する〟という視点からの全体最適

地域のためになるなら、上下水道にこだわらない——。

この一文から読み取らなければならない要諦がある。それは、トイレや風呂など上下水道がある時と同等のサービスを提供するためなら、上下水道にこだわらない、ということだ。ツールは上下水道でもいいし、WOTA BOXでも何でもいい。こだわるべきは住民目線での水利用に対するニーズでありサービス提供であって、そのためのツールにはこだわらない。こだわらないから使えるツールの選択肢は広がり、それがさらに良いサービスを生み出す。同社が目指すのはこの域なのだろう。

同社のグループ会社には、上下水道、し尿などの公共水処理施設や、製薬工場などの民間施設のオペレーション事業を手掛ける水ingAM株式会社と、プラントEPC・メンテナンス事業を手掛ける水ingエンジニアリング株式会社がある。

「設備更新、メンテナンス、オペレーションという従来の事業を従来の枠組みでそれぞれ最適化するだけではなく、例えば〝完全自動運転を採用する場合はどのような施設が良いだろう〟など〝下水処理サービスを提供する〟という視点からの全体最適を検討しています」

上下水道施設を作ることが目的ではない。作った施設を使って最適なサービスを提供することが目的だ。であるなら、施設は目的ではなくツール（手段）である。

また、作った施設を更新することが目的でもない。すべての施設を更新したら、人口減少下では不必要な施設を持ち続けることになるかもしれない。であるなら、ツールを手放したり、別のツールに置き換えたりするほうがいい。

そんなふうに思考する出発点に、地域にとっての最適、地域貢献を据え、サービス視点でアプローチするのが〝大汐流〟経営トランスフォーメーションなのだ。地域にとって最適なサービスを提供できるならば、例えばウォーターPPPで代表企業になることにもこだわらないし、同社のグループ会社が運転・維持管理を担っている浄水場だからといって、同じグループ会社の装置を採用することにもこだわらないと大汐社長は言い切る。

「会社も装置も地域にとっていちばんいい組み合わせが、結果的に地域貢献になります。サービス提供の視点から地域にとって最適な提案をする。そこにこだわり続けます」

これまで整備中心で進んできた上下水道において、ほぼほぼ整備が終わったから次は運営の時代です、サービス提供の時代ですと言われても、意識転換は容易ではない。そんな話はこれまでも多く耳にしたが、同社ではしなやかに意識が変わっているように感じる。

それはやはり、約300ヵ所の浄水場、下水処理場を中心とした水処理施設で、およそ2700名ものフィールドエンジニア（現場技術者）が日々、オペレーション業務に携わっているからだろう（**写真－2**）。施設を作るだけではなく、施設をツールとして使ってサービスを生み出すDNAが色濃いに違いない。

## 「現場力」を強みに

現在2年目に入った中期経営計画「水・ing2025」には、地域が抱える課題解決に貢献する戦略を具体化した「水・ing流街づくり」が示され、2030年までの貢献分野として「①自ら拡がる循環型インフラの構築」、「②地域社会の多様化に対するインフラ管理の高度化」、「③人々の生活を支える災害に強いインフラ整備」の3つを位置づけた。2023年9月には経営陣と全従業員がベクトルを合わせるために、全社員が共有すべき考え方や働き方を表した共通の価値観「水・ingバリュー」(**図－1**)も策定した。

「中計を着実に実行するうえで、全国300ヵ所のオペレーション現場、

写真－2　およそ300ヵ所の水処理施設で日々、運転・維持管理業務に携わっている約2,700名のフィールドエンジニアが水ingのオペレーション技術力の源泉だ（写真提供：水ing）

2700名のフィールドエンジニアから成り立つ〝現場力〟が、水・ingグループの大きな強みになります」

オペレーション技術力をさらに高めるために、技能五輪国際大会への挑戦を勧めている。2022年にドイツで開催された第46回技能五輪国際大会では、競技種目「水技術」で水・ingAMの山﨑翼さんがみごと銅メダルに輝いた（**写真ー3**）。2024年9月にフランスで開催される第47回大会には、同社の髙島旺亮さんが日本代表として出場することが決まっている。

「選考会を経て決定された日本代表選手としての活躍を大いに期待しています。しかしながら、国内では当社グループ1社しか参加していないのも実情です。ぜひ競合他社にも参加していただき、切磋琢磨することでオペ

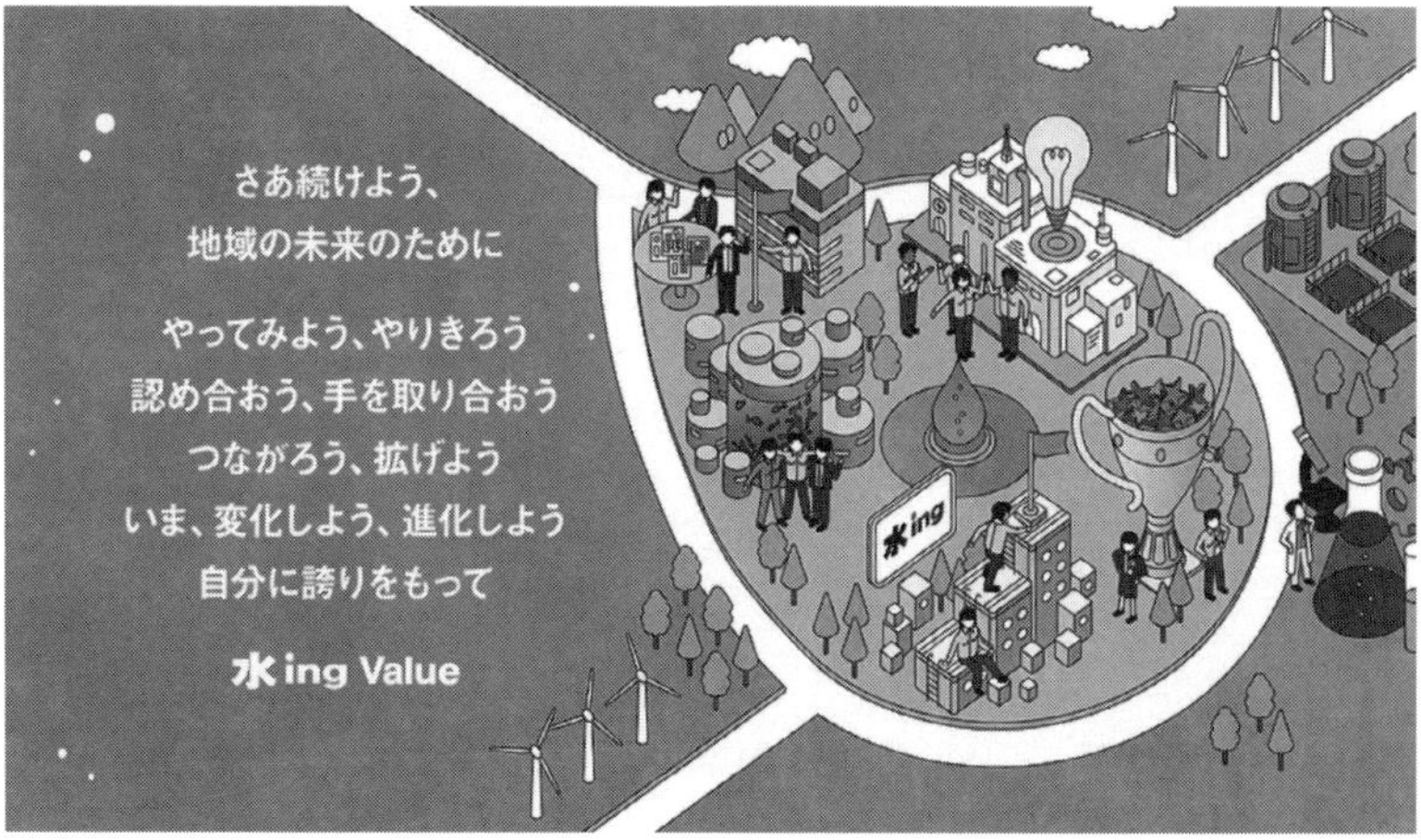

**図ー1　全社員が共有すべき考え方や働き方を表した共通の価値観「水ingバリュー」（提供：水ing）**

レーション技術力の向上につながればと思います。リクルートにもつながりますよね」

競争よりも、共創を好む。この辺りにも〝大汐流〟がにじみ出ている。

写真－３　第46回技能五輪国際大会の競技種目「水技術」で銅メダルを獲得した水ingAM の山﨑翼さん（左端。水ingWEB サイトより許可を得て転載）

## 環境新聞ブックレットシリーズについて

環境新聞社では、サステナブル社会の実現に向けて、地球環境時代の確かな情報源として幅広いジャンルから、専門紙・誌の特性を生かしたタイムリーな情報を提供しています。とりわけ関心の高いホットな話題については、いまそこで何が起こっているのか、また、どこへ向かおうとしているのか、読者の疑問や要求に応える形で、その分野の専門知識に長けた記者や有識者が解析し、時代を読み解く価値ある情報として発信しています。そうした取り組みの中から、読者の反響の大きかった連載企画については、掲載記事を1冊にまとめ、手軽に読めるブックレットとして刊行することにしました。

2024年7月　環境新聞社編集部

**著者◎奥田　早希子**（おくだ・さきこ）
**一般社団法人 Water-n 代表理事**

**プロフィール**

「環境新聞」（環境新聞社発行）の記者として約 11 年間、水ビジネス分野を担当。
フリーライターとして独立後、東洋大学経済学研究科公民連携専攻で経済学修士を取得し、公民連携分野にも取材・活動領域を広げている。

2016 年に一般社団法人 Water-n（ウォータン）を立ち上げ、水を還すヒト・コト・モノマガジン「Water-n」、Web ジャーナル「Mizu Design」、水インフラマネジメント大学（水マネ大学）を運営する。

一般社団法人 Water-n 代表理事、環境新聞契約記者、一般財団法人水・地域イノベーション財団評議員、インフラマネジメントテクノロジーコンテスト実行委員（PR 部会長）、東洋大学 PPP 研究センターリサーチパートナー、インフラメンテナンス国民会議実行委員（企画・広報部会）、CNCP（シビル NPO 連携プラットフォーム）理事等。

環境新聞ブックレットシリーズ 17　**経営トランスフォーメーション ～下水道ビジネスの変革者たち**

2024 年 7 月 26 日　第 1 版第 1 刷発行

著　　者　奥田　早希子
発 行 者　波田　敦
発 行 所　株式会社環境新聞社
〒 160-0004　東京都新宿区四谷 3-1-3　第一富澤ビル
TEL.03-3359-5371 ㈹
FAX.03-3351-1939
https://www.kankyo-news.co.jp
印刷・製本　株式会社平河工業社
デ ザ イ ン　環境新聞社制作デザイン室


ISBN978-4-86018-447-6 C3036 ¥1000E